明解
複素解析

長崎憲一・山根英司・横山利章 共著

培風館

本書の無断複写は，著作憲法上での例外を除き，禁じられています。
本書を複写される場合は，その都度当社の許諾を得てください。

まえがき

　大学理工系学部における，各専門分野への応用のための複素解析の講義では，複素変数の初等関数 (指数関数，三角関数) の理解，複素積分を利用した実積分の計算などが主な目標と考えられる．しかし，これまでの教科書では複素関数の微分，コーシー・リーマンの微分方程式，正則関数などをきちんと扱ってから，一般の関数の複素積分と進み，さらにグリーンの定理などの知識を前提としてコーシーの積分定理などが説明されることが多い．このように準備段階で多くの事柄を学習するために，複素解析の面白さ，特に実積分への応用の楽しさを実感できる前にわからなくなったり，嫌になったりすることも少なくない．

　そこで，大学初年級の微分積分だけしか学習していない学生でも理解できるように，前提とする事項をできる限り少なくして，複素解析の基礎，特に複素積分およびその実関数への応用までを簡潔にまとめて本書を執筆した．複素解析のやさしい半年 (1セメスター) 用教科書として，あるいは，複素解析，特に複素積分についての基礎知識を必要とする人の自習用参考書として利用して頂きたい．

　一般の正則関数を導入することなく，分数式について述べるだけでも複素積分の面白さ，美しさを伝えることができるという著者たちの考えを反映して，本書は次のように構成されている．

　第1章では，複素数平面を説明し，初等複素関数として有理関数，指数関数と三角関数を簡単な形で定義する．

　第2章では，実積分との関係が分かりやすいように工夫しつつ複素積分を導入し，多項式・分数式の積分を実際に計算する．そこで前提とされるのは部分分数展開の可能性だけであるが，計算結果からはコーシーの積分定理，積分公式，留数定理の分数式版が示されていて，実積分への面白い応用例も取り上げられている．

　第3章ではコーシー・リーマンの微分方程式の解として正則関数を定義し，それらに対するコーシーの積分定理，積分公式を説明している．ここでの実積分の応用ではかなり面倒な積分評価なども扱われている．

　第4章で初めて複素微分を導入し，すでに定義した正則性との関係を見直し，グルサの公式からテイラー展開へと進む．最後では極と留数との関係を調べ，一般の留数定理を導いて，実積分に応用している．

第 1, 2 章を読むだけで複素数平面, 複素関数と複素積分に関する最低限の知識を得ることができるはずである. 一般の正則関数に関する積分定理, 積分公式を理解するには第 3 章, 第 4 章前半を読むとよい. さらに意欲があるときには, 第 4 章後半テイラー展開に進んでほしい.

　執筆に当たっては分かりやすい文章を書くのはもちろんのこと, ページ割にまで気を配って, 出来る限り読みやすい本にした. また, 演習問題には詳しい解答をつけて読者の便宜を図った.

　なお本書の内容は, 実は複素解析のほんの入り口に過ぎない. 特に実積分への応用を主要な話題としてきたが, 複素解析はそれだけのものではないことを注意しておきたい. 本書によって複素解析に興味を持った皆さんのために, 巻末に文献表を載せておくので参考にしてほしい.

　終わりに, 編集・校正においてお世話になった培風館編集部の木村博信氏に心から御礼申し上げる.

　2002 年 9 月

長崎 憲一
山根 英司
横山 利章

目次

第1章 複素数と複素関数　　1
- §1 複素数　　1
- §2 複素数平面　　5
- §3 ド・モアブルの定理　　14
- §4 複素関数　　18

第2章 複素積分　　25
- §5 複素関数の積分　　25
- §6 多項式・分数式の積分 I　　33
- §7 多項式・分数式の積分 II　　40
- §8 実積分への応用 I　　47

第3章 正則関数　　53
- §9 正則関数　　53
- §10 コーシーの定理　　60
- §11 実積分への応用 II　　66

第4章 複素微分と留数　　72
- §12 複素微分　　72
- §13 テイラー展開　　79
- §14 極と留数　　84
- §15 実積分への応用 III　　88

演習問題の解答　　91

参考文献　　104

索引　　105

第1章
複素数と複素関数

§1　複素数

虚数単位と複素数　すべての実数は平方 (2乗) すると 0 以上となるから,

(1.1) $$x^2 = -1$$

を満たす x は実数の範囲には存在しない.

そこで, 方程式 (1.1) なども解けるような, 実数より広い数の範囲を定めるために, 平方すると -1 となる数を考え, それを文字 i で表し, **虚数単位**と呼ぶ. すなわち, i は $i^2 = -1$ をみたす数である.

実数 a, b と虚数単位 i を用いて, $\alpha = a + bi$ と表される数を考え, これを**複素数**という. a を複素数 α の**実部**といい, 記号 $\mathrm{Re}\,\alpha$ で表し, b を複素数 α の**虚部**といい, 記号 $\mathrm{Im}\,\alpha$ で表す.

複素数 $\alpha = a + bi$ において, $b = 0$ のときは, 実数 a そのものである. たとえば, 0 は $0 = 0 + 0 \cdot i$ と表されるから, 複素数の一つである. 一方, $b \neq 0$ のときには, **虚数**といい, 虚数のなかで特に $a = 0$ であって bi と表されるものを**純虚数**という. たとえば, $-3 + 4i, -2i$ などは虚数であり, $-2i$ は純虚数でもある.

また, 複素数 $\alpha = a + bi$ に対して, $a - bi$ を α の**共役複素数**といい, $\bar{\alpha}$ で表す. たとえば, $\alpha = 5 + 3i, \beta = -2 - 3i$ に対して, $\bar{\alpha} = 5 - 3i, \bar{\beta} = -2 + 3i$ である.

つぎに, a, b, c, d を実数とするとき, 2つの複素数 $\alpha = a + bi, \beta = c + di$ が等しいことを次のように定める.

$$\alpha = \beta \iff a = c \text{ かつ } b = d$$
$$\text{特に} \quad \alpha = 0 \iff a = b = 0$$

複素数の四則計算 a, b, c, d を実数とするとき, 2 つの複素数 $\alpha = a + bi$, $\beta = c + di$ の和, 差, 積, 商である複素数は次のように定められる.

加法, 減法では, i を単なる文字と考えて, 次のように計算する.

$$\alpha + \beta = (a + bi) + (c + di) = (a + c) + (b + d)i$$
$$\alpha - \beta = (a + bi) - (c + di) = (a - c) + (b - d)i$$

乗法でも, i を文字とみなして計算し, i^2 が現れたときにはそれを -1 で置き換えて, 次のように計算する.

$$\alpha\beta = (a + bi)(c + di) = ac + adi + bci + bdi^2$$
$$= ac + adi + bci - bd = (ac - bd) + (ad + bc)i$$

除法では, 分母が虚数のときには, 分母が実数となるように, 分母の共役複素数を分子, 分母にかけて計算する. すなわち, $c + di \neq 0$ のとき,

$$\frac{\alpha}{\beta} = \frac{a + bi}{c + di} = \frac{(a + bi)(c - di)}{(c + di)(c - di)}$$
$$= \frac{(ac + bd) + (bc - ad)i}{c^2 - (di)^2} = \frac{ac + bd}{c^2 + d^2} + \frac{bc - ad}{c^2 + d^2}i$$

例 1. 2 つの複素数 $3 + 4i$, $2 + i$ の和, 差, 積, 商は次の通りである.

$$(3 + 4i) + (2 + i) = (3 + 2) + (4 + 1)i = 5 + 5i$$
$$(3 + 4i) - (2 + i) = (3 - 2) + (4 - 1)i = 1 + 3i$$
$$(3 + 4i)(2 + i) = (6 - 4) + (3 + 8)i = 2 + 11i$$
$$\frac{3 + 4i}{2 + i} = \frac{(3 + 4i)(2 - i)}{(2 + i)(2 - i)} = \frac{(6 + 4) + (8 - 3)i}{4 + 1} = 2 + i$$

上に定めた計算規則のもとで, 実数の場合と同じように, $0 = 0 + 0 \cdot i$, $1 = 1 + 0 \cdot i$ はすべての複素数 $\alpha = a + bi$ に対して, 次のそれぞれの式を満たす.

$$\alpha + 0 = 0 + \alpha = \alpha, \qquad \alpha \cdot 1 = 1 \cdot \alpha = \alpha$$

§1 複素数

2つの複素数 α, β の積に関して，実数の場合と同じように

$$\alpha\beta = 0 \iff \alpha = 0 \text{ または } \beta = 0$$

が成り立つ．これを以下に示そう．

実数 a, b, c, d を用いて，$\alpha = a + bi, \beta = c + di$ と表されているとすると，

$$\alpha\beta = (a+bi)(c+di) = (ac-bd) + (ad+bc)i$$

であるから，

$$\alpha\beta = 0 \iff ac - bd = 0 \text{ かつ } ad + bc = 0$$

である．ここで，実数 u, v に対して，

$$u = v = 0 \iff u^2 + v^2 = 0$$

であることに注意すると，

$$\begin{aligned}
\alpha\beta = 0 &\iff ac - bd = ad + bc = 0 \\
&\iff (ac-bd)^2 + (ad+bc)^2 = 0 \\
&\iff (a^2+b^2)(c^2+d^2) = 0 \\
&\iff a^2 + b^2 = 0 \text{ または } c^2 + d^2 = 0 \\
&\iff a = b = 0 \text{ または } c = d = 0 \\
&\iff \alpha = 0 \text{ または } \beta = 0
\end{aligned}$$

が成り立つ．

また，共役複素数の四則に関して，次の各式が成り立つ．

$$\overline{z_1 \pm z_2} = \overline{z}_1 \pm \overline{z}_2 \text{ (複号同順)}, \quad \overline{z_1 z_2} = \overline{z}_1 \overline{z}_2, \quad \overline{\left(\frac{z_1}{z_2}\right)} = \frac{\overline{z}_1}{\overline{z}_2}$$

実際，$z_1 = x_1 + y_1 i, z_2 = x_2 + y_2 i$ とおくとき，

$z_1 + z_2 = x_1 + x_2 + (y_1 + y_2)i$ より $\overline{z_1 + z_2} = x_1 + x_2 - (y_1 + y_2)i,$
$\overline{z}_1 = x_1 - y_1 i, \overline{z}_2 = x_2 - y_2 i$ より $\overline{z}_1 + \overline{z}_2 = x_1 + x_2 - (y_1 + y_2)i$

であるから，和に関しての等式が示された．差に関しても同様である．

積，商に関しては問題 1.4 で示す．

演習問題

問題 1.1 次の複素数の実部, 虚部を求めよ.

(1) $(3+4i)(-2+3i)$　　(2) $(1+3i)^3$　　(3) $(7-\sqrt{2}i)(2-3\sqrt{2}i)$

(4) $\dfrac{4-6i}{1+i}$　　(5) $\dfrac{3-\sqrt{2}i}{1+\sqrt{2}i}$　　(6) $\dfrac{8}{(\sqrt{3}-i)^3}$

問題 1.2 次の方程式を満たす複素数 z を求めよ.

(1) $(3+i)z = 4-6i+(3-i)z$

(2) $(3-2i)z+4-i = (-1+i)z-6+4i$

(3) $z+2i\bar{z} = 12+9i$

問題 1.3 複素数 z について, 次の各式を示せ.

(1) $\mathrm{Re}\, z = \dfrac{1}{2}(z+\bar{z})$　　(2) $\mathrm{Im}\, z = \dfrac{1}{2i}(z-\bar{z})$

問題 1.4 複素数 z_1, z_2 について, 次の各式を示せ. ただし, (2) では $z_2 \neq 0$ とする.

(1) $\overline{z_1 z_2} = \bar{z}_1 \bar{z}_2$　　(2) $\overline{\left(\dfrac{z_1}{z_2}\right)} = \dfrac{\bar{z}_1}{\bar{z}_2}$

問題 1.5 次の各問いに答えよ.

(1) 実数係数の 3 次関数 $f(x) = ax^3+bx^2+cx+d$ (a, b, c, d は実数) と複素数 z について, $\overline{f(z)} = f(\bar{z})$ を示せ.
さらに 虚数 α が 3 次方程式 $f(x) = 0$ の解であるとき, 共役複素数 $\bar{\alpha}$ も解であることを示せ.

(2) 実数係数の 3 次方程式 $x^3+px^2-3x+q = 0$ (p, q は実数) が $x = 2+i$ を解にもつとき, p, q の値と残りの解を求めよ.

問題 1.6 2 つの複素数 α, β について, 和 $\alpha+\beta$ と積 $\alpha\beta$ がいずれも正の実数であるとき, α, β はいずれも正の実数であるといえるか.

§2 複素数平面

複素数平面 すべての実数が数直線上の点として表されるように, すべての複素数を平面上の点として表すことを考えよう.

平面上に, O を原点とする xy 平面を考え,

$$\text{複素数 } z = x + yi \quad \longleftrightarrow \quad \text{点 } (x, y)$$

と対応させることによって, すべての複素数は xy 平面上の点として表される. 逆に, xy 平面上の点 (x, y) は複素数 $z = x + yi$ を表していると考える.

このように各点 (x, y) が一つの複素数 $z = x + yi$ を表している平面を**複素数平面** (または複素平面) という. 複素数平面において, x 軸を**実軸**, y 軸を**虚軸**という.

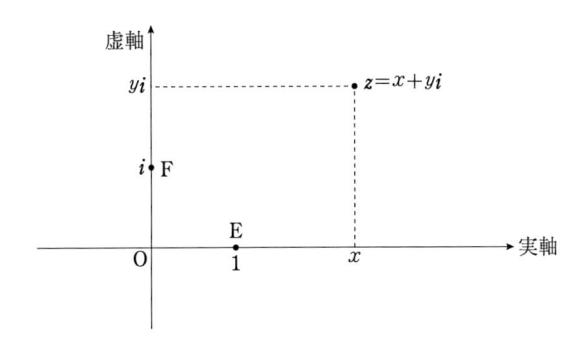

複素数平面上で, 複素数 z に対応する点 P を P(z) と表したり, z と P を同じものとみなして, 簡単に点 z とか, 単に z ということもある.

たとえば, xy 平面上の原点 O(0,0), 点 E(1,0), 点 F(0,1) はそれぞれ複素数 0, 1, i を表すから, 複素数平面上では O, E, F それぞれを点 0, 点 1, 点 i ということもある.

複素数平面上では, 実数は実軸上にあり, 純虚数は虚軸上にある. また, 複素数 $z = x + yi$ とその共役複素数 $\bar{z} = x - yi$ は実軸に関して対称である.

絶対値と偏角 複素数平面において, 点 $z = x + yi$ と原点 O との距離を複素数 z の**絶対値**といい, $|z|$ で表す. すなわち, 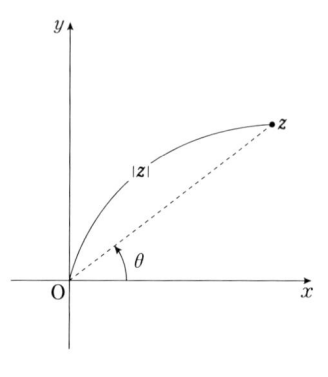
$$|z| = |x + yi| = \sqrt{x^2 + y^2}$$
である.

また, 実軸の正の向きから線分 Oz までの角 θ を複素数 z の**偏角**といい, 記号では
$$\theta = \arg z$$
と表す. ふつう, 偏角は $0 \leqq \theta < 2\pi$ の範囲で考えるが, 一般角で考えると, 2π の整数倍の差は無視できるので, 整数 n を用いて,
$$\arg z = \theta + 2n\pi \quad (n = 0, \pm 1, \pm 2, \cdots)$$
と表される. したがって, z の偏角は一通りには定まらない.

ここで, $z = 0$ の絶対値は 0 であるが, 偏角は定義されないことに注意する.

複素数 $z = x + yi$ と共役複素数 $\bar{z} = x - yi$ の絶対値と偏角に関して,
$$|z|^2 = |\bar{z}|^2 = z\bar{z} = x^2 + y^2, \qquad \arg \bar{z} = -\arg z$$
が成り立つ.

例 1. 右の図を参考にすると, 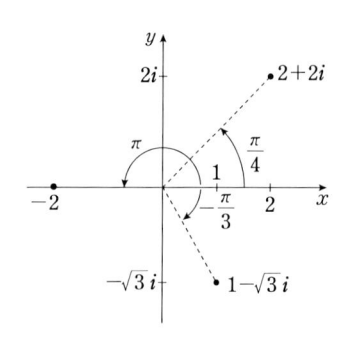
$$|2 + 2i| = 2\sqrt{2}, \quad \arg(2 + 2i) = \frac{\pi}{4}$$
$$|1 - \sqrt{3}i| = 2, \quad \arg(1 - \sqrt{3}i) = -\frac{\pi}{3}$$
$$|-2| = 2, \qquad \arg(-2) = \pi$$
である. ここで, 偏角に関しては, たとえば
$$\arg(1 - \sqrt{3}i) = \frac{5}{3}\pi$$
などと考えてもよい.

§2 複素数平面

極形式 複素数平面において,点 $z = x + yi$ と原点 O との距離 (絶対値) を $r = |z|$ とし,実軸の正の向きから線分 Oz までの角 (偏角) を $\theta = \arg z$ とするとき,

$$x = r\cos\theta, \quad y = r\sin\theta$$

の関係が成り立つから,

$$z = r(\cos\theta + i\sin\theta)$$

と表される.これを複素数 z の**極形式**という.

例 2. 前ページの例 1 で扱った複素数を極形式で表すと次のようになる.

$$2 + 2i = 2\sqrt{2}(\cos\frac{\pi}{4} + i\sin\frac{\pi}{4})$$

$$1 - \sqrt{3}\,i = 2\bigl\{\cos(-\frac{\pi}{3}) + i\sin(-\frac{\pi}{3})\bigr\}$$

$$-2 = 2(\cos\pi + i\sin\pi)$$

複素数の極形式

複素数 $z = x + yi$ において,$r = |z| = \sqrt{x^2 + y^2}$,$\theta = \arg z$ とするとき

$$z = r(\cos\theta + i\sin\theta)$$

複素数 z と共役複素数 $\bar{z}$ において,$|\bar{z}| = |z|$,$\arg\bar{z} = -\arg z$ が成り立つから,

$$z = r(\cos\theta + i\sin\theta)$$

のとき,

$$\bar{z} = r\{\cos(-\theta) + i\sin(-\theta)\} = r(\cos\theta - i\sin\theta)$$

となる.

積と商の絶対値と偏角　三角関数の加法定理より

$$(\cos\theta_1 + i\sin\theta_1)(\cos\theta_2 + i\sin\theta_2)$$
$$= (\cos\theta_1\cos\theta_2 - \sin\theta_1\sin\theta_2) + i(\sin\theta_1\cos\theta_2 + \cos\theta_1\sin\theta_2)$$
$$= \cos(\theta_1 + \theta_2) + i\sin(\theta_1 + \theta_2),$$

$$\frac{\cos\theta_1 + i\sin\theta_1}{\cos\theta_2 + i\sin\theta_2} = \frac{(\cos\theta_1 + i\sin\theta_1)(\cos\theta_2 - i\sin\theta_2)}{(\cos\theta_2 + i\sin\theta_2)(\cos\theta_2 - i\sin\theta_2)}$$
$$= \frac{(\cos\theta_1\cos\theta_2 + \sin\theta_1\sin\theta_2) + i(\sin\theta_1\cos\theta_2 - \cos\theta_1\sin\theta_2)}{\cos^2\theta_2 + \sin^2\theta_2}$$
$$= \cos(\theta_1 - \theta_2) + i\sin(\theta_1 - \theta_2)$$

が成り立つ．したがって，複素数 z_1, z_2 が極形式で

$$z_1 = r_1(\cos\theta_1 + i\sin\theta_1), \quad z_2 = r_2(\cos\theta_2 + i\sin\theta_2)$$

と表されるとき，それらの積と商は

$$z_1 z_2 = r_1(\cos\theta_1 + i\sin\theta_1) \cdot r_2(\cos\theta_2 + i\sin\theta_2)$$
$$= r_1 r_2 \{\cos(\theta_1 + \theta_2) + i\sin(\theta_1 + \theta_2)\},$$
$$\frac{z_1}{z_2} = \frac{r_1(\cos\theta_1 + i\sin\theta_1)}{r_2(\cos\theta_2 + i\sin\theta_2)}$$
$$= \frac{r_1}{r_2}\{\cos(\theta_1 - \theta_2) + i\sin(\theta_1 - \theta_2)\}$$

と表される．これから，次の関係が成り立つことがわかる．

積と商の絶対値と偏角

$$|z_1 z_2| = |z_1||z_2|, \quad \arg(z_1 z_2) = \arg z_1 + \arg z_2$$

$$\left|\frac{z_1}{z_2}\right| = \frac{|z_1|}{|z_2|}, \qquad \arg\left(\frac{z_1}{z_2}\right) = \arg z_1 - \arg z_2$$

また，$z = r(\cos\theta + i\sin\theta)$ のとき，

$$\frac{1}{z} = \frac{1}{r}\{\cos(-\theta) + i\sin(-\theta)\} = \frac{1}{r}(\cos\theta - i\sin\theta)$$

となる．

§2 複素数平面

複素数平面における回転 複素数 z と複素数
$$w = z \cdot (\cos\theta + i\sin\theta)$$
の関係を調べてみよう．

$|\cos\theta + i\sin\theta| = 1$, $\arg(\cos\theta + i\sin\theta) = \theta$ であるから，積の絶対値と偏角の関係によると
$$|w| = |z|, \qquad \arg w = \arg z + \theta$$
が成り立つ．

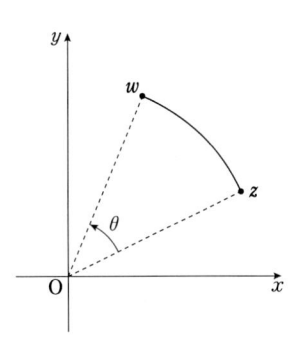

これより，複素数平面上で点 w は，点 z を原点 O を中心として角 θ だけ回転した点であることがわかる．

例 3.
$$i = \cos\frac{\pi}{2} + i\sin\frac{\pi}{2},$$
$$\frac{1-\sqrt{3}i}{2} = \cos(-\frac{\pi}{3}) + i\sin(-\frac{\pi}{3})$$
であるから，iz, $\dfrac{1-\sqrt{3}i}{2}z$ はそれぞれ，点 z を原点 O を中心として角 $\dfrac{\pi}{2}$, $-\dfrac{\pi}{3}$ だけ回転した点である．

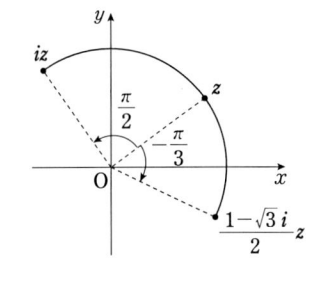

つぎに，複素数平面上で点 z を，点 α を中心として角 θ だけ回転した点 w について考えてみよう．

このとき，点 $z-\alpha$ を，原点 O を中心として角 θ だけ回転した点が $w-\alpha$ となるので，
$$w - \alpha = (z-\alpha)(\cos\theta + i\sin\theta)$$
という関係が成り立つ．

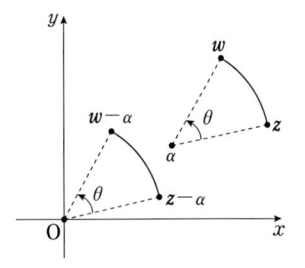

例 4. 点 $2+i$ を中心として，点 $-2+3i$ を $\dfrac{\pi}{3}$ だけ回転した点を w とすると，
$$w - (2+i) = \{-2+3i - (2+i)\}(\cos\frac{\pi}{3} + i\sin\frac{\pi}{3})$$
から，$w = -\sqrt{3} - (2\sqrt{3}-2)i$ である．

絶対値と距離 2つの複素数

$$z_1 = x_1 + y_1 i, \quad z_2 = x_2 + y_2 i$$

に対して，

$$\begin{aligned}|z_1 - z_2| &= |(x_1 - x_2) + (y_1 - y_2)i| \\ &= \sqrt{(x_1 - x_2)^2 + (y_1 - y_2)^2}\end{aligned}$$

である．したがって，複素数平面において，

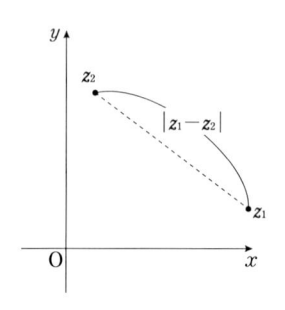

$$\text{絶対値 } |z_1 - z_2| = \text{点 } z_1 \text{ と点 } z_2 \text{ の距離}$$

が成り立つ．たとえば，点 $z_1 = -4 + 5i$ と点 $z_2 = 1 + 2i$ の距離は

$$\sqrt{(-4-1)^2 + (5-2)^2} = \sqrt{34}$$

である．

絶対値をこのように考えることによって，次の不等式が成り立つことを図形的に示すことができる．

三角不等式

(2.1) $$\bigl||z_1| - |z_2|\bigr| \leqq |z_1 + z_2| \leqq |z_1| + |z_2|$$

複素数平面上に 4 点 $O(0)$, $A(z_1)$, $B(z_2)$, $C(z_1 + z_2)$ をとる．

3 点 $O(0)$, $A(z_1)$, $B(z_2)$ が 1 直線上にないとき，4 点 O, A, B, C は平行四辺形をつくる．$OA = |z_1|$, $AC = OB = |z_2|$, $OC = |z_1 + z_2|$ であるから，三角形 OAC の成立条件

$$|OA - AC| < OC < OA + AC$$

より，(2.1) は不等号で成り立つ．

また，3 点 $O(0)$, $A(z_1)$, $B(z_2)$ が 1 直線上にあるとき，3 本の線分 OA, OB, OC の長さの関係から，やはり (2.1) は成り立つ．特に，直線上で O に関して A, B が同じ側にあるときには右の等号が，また，O に関して A, B が反対側にあるときには左の等号が成り立つ．

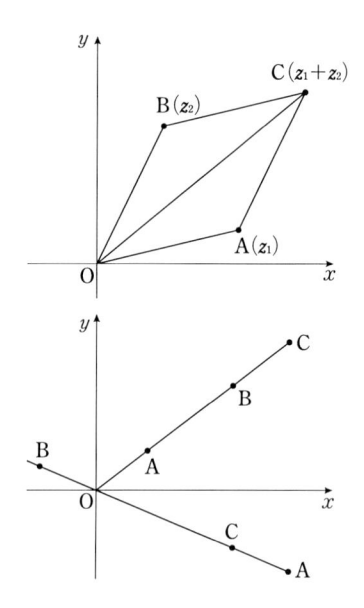

§2 複素数平面

複素数平面上の円 点 α を中心とする半径 r の円は, α との距離が r である点 z の全体であるから, その方程式は

$$|z - \alpha| = r$$

と表される. 両辺を 2 乗すると,

$$|z - \alpha|^2 = r^2 \quad \text{から} \quad (z - \alpha)(\bar{z} - \bar{\alpha}) = r^2$$

となり, 展開して, $c = |\alpha|^2 - r^2$ となる実数 c を用いると,

$$z\bar{z} - \bar{\alpha}z - \alpha\bar{z} + c = 0$$

とも表される.

例 5. $C_1 : |z - 2 + i| = 1$, $C_2 : |z + 2| = 2$ において,

$|z - 2 + i| = |z - (2 - i)|$, $|z + 2| = |z - (-2)|$

であるから, C_1 は中心が $2 - i$, 半径が 1 の円であり, C_2 は中心が -2, 半径が 2 の円である.

$C_3 : z\bar{z} - (1 + 2i)z - (1 - 2i)\bar{z} + 3 = 0$

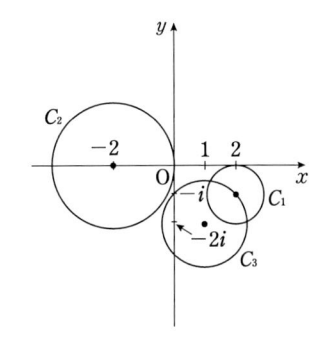

は

$$z\bar{z} - (\overline{1 - 2i})z - (1 - 2i)\bar{z} + (\overline{1 - 2i})(1 - 2i) - 2 = 0$$

から

$$|z - (1 - 2i)|^2 = 2 \quad \text{すなわち} \quad |z - (1 - 2i)| = \sqrt{2}$$

となるので, C_3 は中心が $1 - 2i$, 半径が $\sqrt{2}$ の円である.

また, 円 $|z - \alpha| = r$ 上の点 z は, 右の図のようにパラメータ (媒介変数) t をとると,

$$z - \alpha = r(\cos t + i \sin t), \quad 0 \leqq t < 2\pi$$

から

$$z = \alpha + r(\cos t + i \sin t), \quad 0 \leqq t < 2\pi$$

と表すことができる.

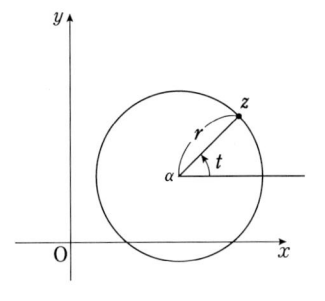

複素数平面上の曲線 円の場合に限らず，複素数平面上の曲線 C をパラメータ t を用いて
$$C: z = \phi(t), \quad \alpha \leqq t \leqq \beta$$
のように表すことを曲線 C の**パラメータ表示**という．

$\phi(t) = u(t) + iv(t)$ ($u(t), v(t)$ は実数値関数) とすると，C は座標平面上で $x = u(t), y = v(t), \alpha \leqq t \leqq \beta$ と表される曲線と同じである．

例6. $C: z = 2t + i(4t^2 - 4t), 0 \leqq t \leqq 1$ において，$x = 2t, y = 4t^2 - 4t$ とおき，t を消去すると，$y = x^2 - 2x$ となる．また，$0 \leqq t \leqq 1$ より $0 \leqq x \leqq 2$ であるから，C は右図のような曲線
$$y = x^2 - 2x, \ 0 \leqq x \leqq 2$$
を表す．

次に，$C': z = 2 - s + i(s^2 - 2s), 0 \leqq s \leqq 2$ において，$x = 2 - s, y = s^2 - 2s$ とおき，s を消去すると，$y = (2-x)^2 - 2(2-x) = x^2 - 2x$ となる．また，$0 \leqq s \leqq 2$ より $0 \leqq x \leqq 2$ であるから，C' はやはり曲線
$$y = x^2 - 2x, \ 0 \leqq x \leqq 2$$
を表す．

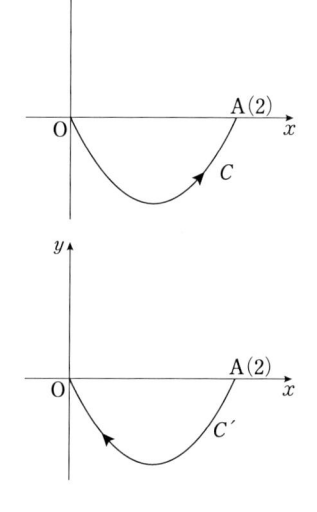

ここで，C においては t が 0 から 1 まで変化するとき，z は曲線上を点 O から点 A(2) まで動く．一方，C' においては s が 0 から 2 まで変化するとき，z は曲線上を点 A(2) から点 O まで逆に動く．このようにパラメータの変化にともなう点 z の動きまで考えるときには，C と C' は異なる曲線として扱われる．

一般に，曲線 $C: z = \phi(t), \alpha \leqq t \leqq \beta$ においては，始点 $z = \phi(\alpha)$ から終点 $z = \phi(\beta)$ へ向かって向きがつけられていると考える．

また，たとえば単位円 $|z| = 1$ のように，始点と終点が一致していて自分自身と交わらない曲線を**単純閉曲線**という．単純閉曲線の向きは，とくに断らない限り，内部を左側に見る向き (反時計回り) とする．

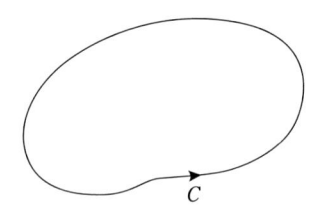

§2 複素数平面

―――――――― 演習問題 ――――――――

問題 2.1 次の複素数を極形式で表せ.

(1) -6 (2) $\sqrt{5}i$ (3) $-1+i$

(4) $-2\sqrt{3}-2i$ (5) $\dfrac{1}{1-\sqrt{3}i}$ (6) $\dfrac{27}{(\sqrt{3}-i)^3}$

問題 2.2 複素数平面上の正三角形 ABC について, 次のそれぞれの場合, 頂点 C を表す複素数を求めよ.

(1) A(0), B(4+2i)   (2) A(0), B(1-\sqrt{3}+2\sqrt{3}i)

(3) A(2), B(-i)   (4) A(-1+5i), B(-3+i)

問題 2.3 0 以外の複素数 α, β が次のそれぞれの式を満たしているとき, O(0), A(α), B(β) を頂点とする三角形 OAB の 3 つの内角の大きさを求めよ.

(1) $\alpha^2+\beta^2=0$ (2) $3\alpha^2-6\alpha\beta+4\beta^2=0$

問題 2.4 複素数 z について, 次の不等式が成り立つことを示せ.

(1) $|\operatorname{Re} z| \leqq |z|$ (2) $|\operatorname{Im} z| \leqq |z|$ (3) $|z| \leqq |\operatorname{Re} z|+|\operatorname{Im} z|$

問題 2.5 複素数平面上で, 次のそれぞれの方程式を満たす点 z の描く図形を求めよ.

(1) $|z-2i+1|=2$ (2) $|z-2i|=|z+4|$ (3) $|z|=2|z-3i|$

問題 2.6 次の曲線を複素数平面上に描け.

(1) $z=t+1+i(2t-1), \ 0 \leqq t \leqq 3$

(2) $z=t^2+it, \ 0 \leqq t \leqq 1$

(3) $z=\cos t+1+i\sin t, \ 0 \leqq t \leqq \dfrac{\pi}{2}$

問題 2.7 複素数平面上の次のそれぞれの図形のパラメータ表示を一つ示せ.

(1) 2 点 $2, 2i$ を結ぶ線分   (2) $\operatorname{Re} z=1$ かつ $|\operatorname{Im} z| \leqq 3$

(3) $|z+3i|=2$ (4) $|z|=2$ かつ $\operatorname{Im} z \geqq 0$

§3 ド・モアブルの定理

ド・モアブルの定理　8 ページで示した公式

(3.1) $\quad (\cos\theta_1 + i\sin\theta_1)(\cos\theta_2 + i\sin\theta_2) = \cos(\theta_1+\theta_2) + i\sin(\theta_1+\theta_2)$

において, $\theta_1 = \theta_2 = \theta$ とすると

$$(\cos\theta + i\sin\theta)^2 = \cos 2\theta + i\sin 2\theta$$

となる．さらに (3.1) を用いると,

$$\begin{aligned}(\cos\theta + i\sin\theta)^3 &= (\cos\theta + i\sin\theta)(\cos\theta + i\sin\theta)^2 \\ &= (\cos\theta + i\sin\theta)(\cos 2\theta + i\sin 2\theta) \\ &= \cos 3\theta + i\sin 3\theta\end{aligned}$$

となる.

同様のことを繰り返すと, 正の整数 n に対して

(3.2) $\quad (\cos\theta + i\sin\theta)^n = \cos n\theta + i\sin n\theta$

となる．

次に, n が負の整数のときにも (3.2) が成り立つことを示す．
$m = -n$ とおくと, m は正の整数であるから,

$$\begin{aligned}(\cos\theta + i\sin\theta)^n &= (\cos\theta + i\sin\theta)^{-m} \\ &= \frac{1}{(\cos\theta + i\sin\theta)^m} = \frac{1}{\cos m\theta + i\sin m\theta} \\ &= \cos m\theta - i\sin m\theta = \cos(-m\theta) + i\sin(-m\theta) \\ &= \cos n\theta + i\sin n\theta\end{aligned}$$

となる.

また, $n = 0$ のときには, (3.2) の両辺はともに 1 となるのでやはり成り立つ．

以上のことをまとめると, 次の定理が得られる．

定理 3.1 (ド・モアブルの定理)　n を整数とするとき

$$(\cos\theta + i\sin\theta)^n = \cos n\theta + i\sin n\theta$$

が成り立つ．

§3 ド・モアブルの定理

1 の n 乗根 n を正の整数とするとき,方程式

(3.3) $$z^n = 1$$

を満たす複素数 z を **1 の n 乗根**という.

(3.3) の両辺の絶対値をとると,

$$|z^n| = 1 \quad \text{すなわち} \quad |z|^n = 1 \quad \text{より} \quad |z| = 1$$

となるから,1 の n 乗根 z の絶対値は 1 であり,

$$z = \cos\theta + i\sin\theta \quad (0 \leqq \theta < 2\pi)$$

とおける.このとき,$1 = \cos 0 + i\sin 0$ であるから,ド・モアブルの定理より,(3.3) は

$$\cos n\theta + i\sin n\theta = \cos 0 + i\sin 0$$

となる.両辺の偏角を比較すると,θ は整数 k を用いて

$$n\theta = 0 + 2\pi k \quad \text{より} \quad \theta = \frac{2k}{n}\pi$$

と表されるが,$0 \leqq \theta < 2\pi$ より,整数 k のとり得る値は $k = 0, 1, 2, \cdots, n-1$ としてよい.

したがって,1 の n 乗根は n 個あり,

$$\omega_k = \cos\frac{2k}{n}\pi + i\sin\frac{2k}{n}\pi$$
$$(k = 0, 1, 2, \cdots, n-1)$$

と表される.このとき,

$$\omega_k = \omega_1{}^k \quad (k = 0, 1, 2, \cdots, n-1)$$

が成り立つ.

また,複素数平面上で n 個の点

$$\omega_0 = 1,\ \omega_1,\ \omega_2,\ \cdots,\ \omega_{n-1}$$

は原点 O を中心とする単位円周を n 等分している.

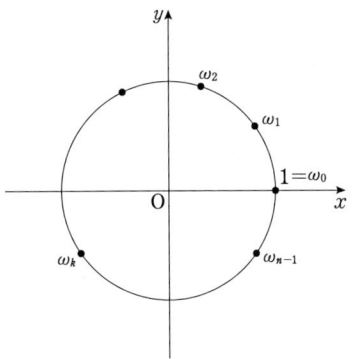

例 1. 1 の 6 乗根は

$$\omega_k = \cos\frac{2k}{6}\pi + i\sin\frac{2k}{6}\pi = \cos\frac{k}{3}\pi + i\sin\frac{k}{3}\pi \quad (k=0,\,1,\,2,\,\cdots,\,5)$$

より 1, $\dfrac{1+\sqrt{3}i}{2}$, $\dfrac{-1+\sqrt{3}i}{2}$, -1, $\dfrac{-1-\sqrt{3}i}{2}$, $\dfrac{1-\sqrt{3}i}{2}$ の 6 個である.

次に, 0 以外の複素数 α の n 乗根, すなわち $z^n = \alpha$ を満たす複素数 z について考えてみよう.

α が極形式で $\alpha = \rho(\cos\phi + i\sin\phi)$ $(\rho > 0)$ と表されるとき,

$$z_0 = \sqrt[n]{\rho}\left(\cos\frac{\phi}{n} + i\sin\frac{\phi}{n}\right)$$

が α の n 乗根 の 1 つであることはド・モアブルの定理などによって確かめられる. そこで, $z^n = \alpha$ の両辺を $z_0^n = \alpha$ で割ると

$$\frac{z^n}{z_0^n} = \frac{\alpha}{\alpha} \quad \text{より} \quad \left(\frac{z}{z_0}\right)^n = 1$$

であるから, $\dfrac{z}{z_0}$ は 1 の n 乗根 ω_k $(k=0,\,1,\,2,\,\cdots,\,n-1)$ に等しい. したがって, α の n 乗根 z として, ちょうど n 個の複素数

$$z_0\omega_0 = z_0, \quad z_0\omega_1, \quad z_0\omega_2, \quad \cdots, \quad z_0\omega_{n-1}$$

が得られることになる.

例 2. $-8i$ の 6 乗根を求めよう.

$|-8i| = 8$, $\arg(-8i) = \dfrac{3}{2}\pi$ であるから, $-8i$ の 6 乗根の 1 つとして,

$$\sqrt[6]{8}\left\{\cos\left(\frac{1}{6}\cdot\frac{3}{2}\pi\right) + i\sin\left(\frac{1}{6}\cdot\frac{3}{2}\pi\right)\right\} = \sqrt{2}\left(\cos\frac{\pi}{4} + i\sin\frac{\pi}{4}\right) = 1+i$$

をとれる. これと上の例で求めた 1 の 6 乗根 ω_k を用いると, $-8i$ の 6 乗根 は $(1+i)\omega_k$ $(k=0,\,1,\,2,\,\cdots,\,5)$ と表されるが, これらは整理すると

$$\pm(1+i), \quad \pm\frac{1-\sqrt{3}+(1+\sqrt{3})i}{2}, \quad \pm\frac{1+\sqrt{3}+(1-\sqrt{3})i}{2}$$

となる.

§3 ド・モアブルの定理

::::::::::::::::: 演習問題 :::::::::::::::::

問題 3.1 次の複素数の値を求めよ．

(1) $(1+i)^{10}$ (2) $\left(\dfrac{1+\sqrt{3}i}{2}\right)^{100}$

(3) $\left(\dfrac{4i}{1+\sqrt{3}i}\right)^{-7}$ (4) $\left(\dfrac{\sqrt{6}+\sqrt{2}}{4}+\dfrac{\sqrt{6}-\sqrt{2}}{4}i\right)^{20}$

問題 3.2 ド・モアブルの定理を利用して，つぎの方程式の解を求めよ．

(1) $z^2 = i$ (2) $z^3 = -2+2i$ (3) $z^4 = -1$

問題 3.3 1の5乗根について，つぎの各問いに答えよ．

(1) 1の5乗根のうち，$\omega_0 = 1$ 以外は4次方程式 $z^4+z^3+z^2+z+1 = 0$ の解であることを示せ．

(2) (1) の方程式の両辺を z^2 で割り，$u = z + \dfrac{1}{z}$ とおくとき，u の満たす2次方程式を求めよ．

(3) 1の5乗根をすべて求めよ．

(4) $\cos\dfrac{2}{5}\pi,\ \sin\dfrac{2}{5}\pi$ の値を求めよ．

問題 3.4 1の6乗根を利用して，つぎの方程式の解をすべて求めよ．

(1) $z^6 = 27$ (2) $z^6 = (2+\sqrt{3}i)^6$

問題 3.5 θ が 2π の整数倍でないとき，等比数列の和の公式

$$z+z^2+z^3+\cdots\cdots+z^n = \frac{z(z^n-1)}{z-1} \quad (z \neq 1)$$

で，$z = \cos\theta + i\sin\theta$ とおいた式を利用して，つぎの各式を証明せよ．

(1) $\cos\theta + \cos 2\theta + \cos 3\theta + \cdots + \cos n\theta = \dfrac{\sin\dfrac{n\theta}{2}\cos\dfrac{(n+1)\theta}{2}}{\sin\dfrac{\theta}{2}}$

(2) $\sin\theta + \sin 2\theta + \sin 3\theta + \cdots + \sin n\theta = \dfrac{\sin\dfrac{n\theta}{2}\sin\dfrac{(n+1)\theta}{2}}{\sin\dfrac{\theta}{2}}$

§4 複素関数

複素関数 実数 x に実数 y を対応させる関数 $y = x^2$, $y = \dfrac{1}{x}$ などについてはよく知っているが,ここでは,複素数 z に対して複素数 w を対応させる関数,たとえば $w = z^2$, $w = \dfrac{1}{z}$,一般には $w = f(z)$ と表される関数を扱う.このような関数を特に**複素関数**という.

実数の関数 $y = x^2$, $y = \dfrac{1}{x}$ などにおいて,x, y は数直線上の点として表すことができるので,そのグラフは 2 つの数直線に対応する x 軸と y 軸を持つ座標平面における曲線として表される.それに対して複素関数 $w = z^2$, $w = \dfrac{1}{z}$ などにおいては,z, w はいずれも複素数平面上の点として表されるから,全体の対応関係を目に見える形のグラフで表現することはできない.そこで,複素数平面上における z と w の図形的な対応を知りたい場合には,z が 1 つの直線あるいは曲線上を動くときの w の動きを調べたりすることがある.

そのようなときには,z, w の実部,虚部の関係,つまり,
$$z = x + yi, \quad w = u + vi$$
とおいたときに x, y と u, v の間に成り立つ関係式を調べておくと役に立つ.

例 1. $w = z^2$ のとき,$u + vi = (x + yi)^2 = x^2 - y^2 + 2xyi$ より,
$$u = x^2 - y^2, \quad v = 2xy$$
である.

$w = \dfrac{1}{z}$ のとき,$u + vi = \dfrac{1}{x + yi} = \dfrac{x - yi}{(x + yi)(x - yi)} = \dfrac{x - yi}{x^2 + y^2}$ より,
$$u = \dfrac{x}{x^2 + y^2}, \quad v = -\dfrac{y}{x^2 + y^2}$$
である.

一般の複素関数 $w = f(z)$ では,$f(z)$ の実部,虚部が複素数 $z = x + yi$ の実部 x,虚部 y の関数であるという意味で,
$$f(z) = u(x, y) + v(x, y)i \quad (u(x, y),\ v(x, y) \text{ は実数値関数})$$
と表すこともある.

§4 複素関数

複素関数 $w = f(z)$ について,複素数平面上での z と w の対応を調べよう.

例2. $w = z^2$ とする.

z が直線 $\mathrm{Re}\,z = 1$ 上を動くとき,実数 t を用いて,$z = 1 + ti$ と表されるから,$u = 1 - t^2, v = 2t$ となる.t を消去すると,$u = 1 - \dfrac{1}{4}v^2$ … ① となるので,w は放物線 ① 上を動く.

また,z が直線 $\mathrm{Im}\,z = -\dfrac{1}{2}$ 上を動くとき,実数 t を用いて,$z = t - \dfrac{1}{2}i$ と表されるから,$u = t^2 - \dfrac{1}{4}, v = -t$ となる.t を消去すると,$u = v^2 - \dfrac{1}{4}$ … ② となるので,w は放物線 ② 上を動く.

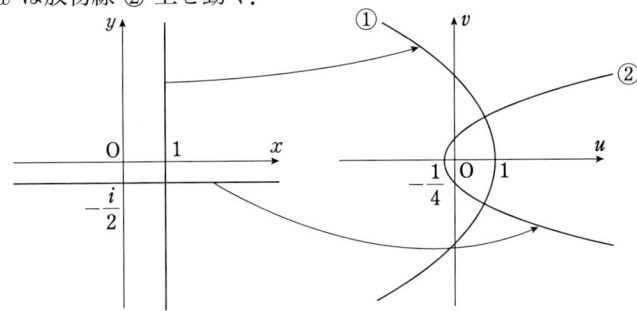

例3. $w = \dfrac{1}{z}$ とするとき,z と w は 1 対 1 に対応していて,$z = \dfrac{1}{w}$ となる.

z が円 $|z - 1| = 2$ 上を動くとき,$z = \dfrac{1}{w}$ を代入した式 $\left|\dfrac{1}{w} - 1\right| = 2$ の分母を払って整理すると,$\left|w + \dfrac{1}{3}\right| = \dfrac{2}{3}$ … ③ となるので,w は円周 ③ 上を動く.

また,z が直線 $\mathrm{Re}\,z = -1$,すなわち $\dfrac{1}{2}(z + \bar{z}) = -1$ 上を動くとき,$z = \dfrac{1}{w}$ を代入して整理すると,$\left|w + \dfrac{1}{2}\right| = \dfrac{1}{2}$ … ④ となるので,w は円周 ④ 上を動く.

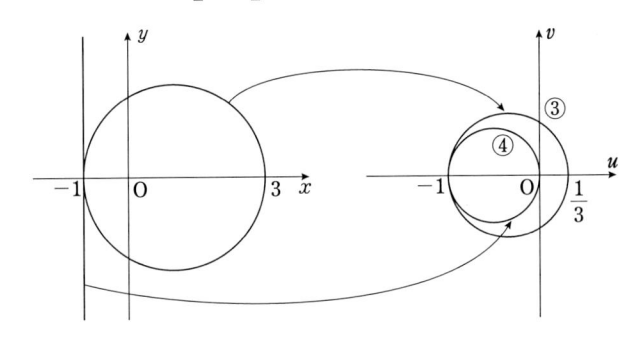

指数関数 e を自然対数の底とするとき,べきを複素数 z にまで拡張した指数関数 e^z を考えよう.

複素数 $z = x + yi$ に対して,指数関数 e^z を次のように定義する.

指数関数 e^z の定義

(4.1) $$e^z = e^{x+yi} = e^x(\cos y + i \sin y)$$

ここで,e^x は実数 x の指数関数で,$\cos y, \sin y$ は実数 y の三角関数である.$y = 0$ ならば $e^z = e^x$ であるから,e^z は実数の指数関数 e^x の拡張になっている.

特に,実数 θ に対して,$z = i\theta$ のとき,(4.1) で $x = 0, y = \theta$ とおいて,

---
オイラーの公式

$$e^{i\theta} = \cos\theta + i\sin\theta$$

が得られる.

例 4.
$$e^{2+\frac{\pi}{3}i} = e^2(\cos\frac{\pi}{3} + i\sin\frac{\pi}{3}) = \frac{1+\sqrt{3}i}{2}e^2$$
$$e^{\pi i} = \cos\pi + i\sin\pi = -1$$

指数関数 e^z の性質を調べよう.$z_1 = x_1 + y_1 i, z_2 = x_2 + y_2 i$ とするとき,14 ページの (3.1) 式を用いると

$$\begin{aligned}
e^{z_1}e^{z_2} &= e^{x_1+y_1 i}e^{x_2+y_2 i} \\
&= e^{x_1}(\cos y_1 + i\sin y_1)e^{x_2}(\cos y_2 + i\sin y_2) \\
&= e^{x_1+x_2}\{\cos(y_1+y_2) + i\sin(y_1+y_2)\} \\
&= e^{x_1+x_2+(y_1+y_2)i} = e^{z_1+z_2}
\end{aligned}$$

となるので,e^z は指数法則を満たす.この法則を用いると,整数 n に対して,

$$e^{z+2n\pi i} = e^z e^{2n\pi i} = e^z(\cos 2n\pi + i\sin 2n\pi) = e^z$$

が成り立つので,e^z は周期 $2\pi i$ の周期関数である.

指数関数 e^z の性質

指数法則 $\quad e^{z_1}e^{z_2} = e^{z_1+z_2}$

周期性 $\quad\quad e^{z+2n\pi i} = e^z \quad$ (n は整数)

---

§4 複素関数

三角関数 オイラーの公式から, 実数 θ に対して,
$$e^{i\theta} = \cos\theta + i\sin\theta, \qquad e^{-i\theta} = \cos\theta - i\sin\theta$$
が成り立つ. これら2式の和, 差を考えると,
$$\cos\theta = \frac{e^{i\theta} + e^{-i\theta}}{2}, \qquad \sin\theta = \frac{e^{i\theta} - e^{-i\theta}}{2i}$$
が得られる. この関係式を複素数まで拡張して, 三角関数 $\cos z, \sin z$ を次のように定義する.

三角関数 $\cos z, \sin z$ の定義
$$\cos z = \frac{e^{iz} + e^{-iz}}{2}, \qquad \sin z = \frac{e^{iz} - e^{-iz}}{2i}$$

例5.
$$\begin{aligned}
\cos\left(\frac{\pi}{4} - i\right) &= \frac{1}{2}\left\{e^{i(\frac{\pi}{4}-i)} + e^{-i(\frac{\pi}{4}-i)}\right\} = \frac{1}{2}\left(e^{1+\frac{\pi}{4}i} + e^{-1-\frac{\pi}{4}i}\right) \\
&= \frac{1}{2}\left\{e\left(\cos\frac{\pi}{4} + i\sin\frac{\pi}{4}\right) + e^{-1}\left(\cos\left(-\frac{\pi}{4}\right) + i\sin\left(-\frac{\pi}{4}\right)\right)\right\} \\
&= \frac{1}{2}\left(e \cdot \frac{1+i}{\sqrt{2}} + \frac{1}{e} \cdot \frac{1-i}{\sqrt{2}}\right) = \frac{1}{2\sqrt{2}}\left\{\left(e + \frac{1}{e}\right) + \left(e - \frac{1}{e}\right)i\right\}
\end{aligned}$$

$$\sin(i\log 2) = \frac{1}{2i}\left\{e^{i(i\log 2)} - e^{-i(i\log 2)}\right\} = \frac{1}{2i}\left(e^{-\log 2} - e^{\log 2}\right) = \frac{3}{4}i$$

一般に, $z = x + yi$ とおくとき,
$$\begin{aligned}
\cos z &= \frac{1}{2}\left\{e^{i(x+yi)} + e^{-i(x+yi)}\right\} = \frac{1}{2}\left\{e^{-y+xi} + e^{y-xi}\right\} \\
&= \frac{1}{2}\left\{e^{-y}(\cos x + i\sin x) + e^{y}(\cos x - i\sin x)\right\} \\
&= \frac{1}{2}(e^{y} + e^{-y})\cos x - \frac{i}{2}(e^{y} - e^{-y})\sin x
\end{aligned}$$

$$\begin{aligned}
\sin z &= \frac{1}{2i}\left\{e^{i(x+yi)} - e^{-i(x+yi)}\right\} = \frac{1}{2i}\left\{e^{-y+xi} - e^{y-xi}\right\} \\
&= -\frac{i}{2}\left\{e^{-y}(\cos x + i\sin x) - e^{y}(\cos x - i\sin x)\right\} \\
&= \frac{1}{2}(e^{y} + e^{-y})\sin x + \frac{i}{2}(e^{y} - e^{-y})\cos x
\end{aligned}$$

である.

例6. $w = \sin z$ について，複素数平面上での z と w の対応を調べよう．

z が直線 $\operatorname{Re} z = \dfrac{\pi}{4}$ を動くとき，実数 t を用いて，$z = \dfrac{\pi}{4} + ti$ と表されるから，$w = u + vi$ とおくと，
$$u = \frac{1}{2}(e^t + e^{-t})\sin\frac{\pi}{4} = \frac{e^t + e^{-t}}{2\sqrt{2}}, \quad v = \frac{1}{2}(e^t - e^{-t})\cos\frac{\pi}{4} = \frac{e^t - e^{-t}}{2\sqrt{2}}$$
となる．t を消去すると，$u^2 - v^2 = \dfrac{1}{2}$ となるので，w は双曲線上を動く．

同様に，z が直線 $\operatorname{Im} z = \log 2$ 上を動くとき，$z = t + i\log 2$ と表されるから，
$$u = \frac{1}{2}(e^{\log 2} + e^{-\log 2})\sin t = \frac{5}{4}\sin t, \quad v = \frac{1}{2}(e^{\log 2} - e^{-\log 2})\cos t = \frac{3}{4}\cos t$$
となる．t を消去すると，$\dfrac{16}{25}u^2 + \dfrac{16}{9}v^2 = 1$ となるので，w は楕円上を動く．

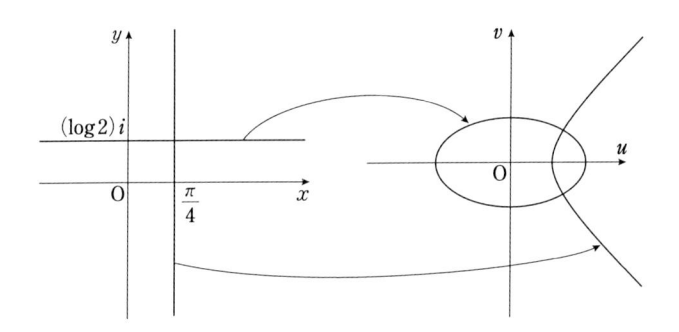

複素数の三角関数は実数の三角関数と同様の関係式が成り立つ．たとえば，
$$e^{iz}e^{-iz} = e^{iz-iz} = e^0 = 1$$
であるから
$$\cos^2 z + \sin^2 z = \Bigl(\frac{e^{iz} + e^{-iz}}{2}\Bigr)^2 + \Bigl(\frac{e^{iz} - e^{-iz}}{2i}\Bigr)^2$$
$$= \frac{e^{2iz} + 2 + e^{-2iz}}{4} - \frac{e^{2iz} - 2 + e^{-2iz}}{4}$$
$$= 1$$
が成り立つ．

§4 複素関数

複素数の三角関数についても成り立つ主な性質をまとめておこう．

---- **三角関数 $\cos z$, $\sin z$ の性質** ----

$$\cos^2 z + \sin^2 z = 1$$

周期性　$\cos(z + 2n\pi) = \cos z, \quad \sin(z + 2n\pi) = \sin z \quad (n \text{ は整数})$

偶奇性　$\cos(-z) = \cos z, \quad \sin(-z) = -\sin z$

加法定理　$\cos(z_1 + z_2) = \cos z_1 \cos z_2 - \sin z_1 \sin z_2$
　　　　　$\sin(z_1 + z_2) = \sin z_1 \cos z_2 + \cos z_1 \sin z_2$

実数の場合とは異なって，複素数の三角関数では

$$|\cos z| \leqq 1, \qquad |\sin z| \leqq 1$$

とは限らないことに注意する．

例 7. 方程式 $\cos z = 2$ をみたす複素数 z を求めよう．

$\cos z = 2$ すなわち $\dfrac{e^{iz} + e^{-iz}}{2} = 2$ の両辺に $2e^{iz}$ をかけて整理すると，

$$(e^{iz})^2 - 4e^{iz} + 1 = 0$$

となる．これを e^{iz} の 2 次方程式とみなして解くと

$$e^{iz} = 2 \pm \sqrt{3}$$

である．$z = x + yi$ とおいて，上の結果を極形式で表すと

$$e^{-y}(\cos x + i \sin x) = (2 \pm \sqrt{3})(\cos 0 + i \sin 0)$$

となる．両辺の絶対値，偏角を比較すると，

$$e^{-y} = 2 \pm \sqrt{3} \text{ より } e^y = \frac{1}{2 \pm \sqrt{3}} = 2 \mp \sqrt{3}, \qquad x = 2n\pi \quad (n \text{ は整数})$$

であるから，求める z は

$$z = 2n\pi + i \log(2 \mp \sqrt{3}) \qquad (n \text{ は整数})$$

である．

######## 演習問題 ########

問題 4.1 $z = x + yi$ とおき, つぎの関数 $f(z)$ を $f(z) = u(x,y) + iv(x,y)$ ($u(x,y), v(x,y)$ は実数値関数) と表すとき, $u(x,y), v(x,y)$ を x, y の式で表せ.

(1) $f(z) = z^3 + 2z$　　(2) $f(z) = \dfrac{1}{z}$　　(3) $f(z) = \dfrac{z-i}{z+i}$

(4) $f(z) = e^{z^2}$　　(5) $f(z) = \sin 2z$　　(6) $f(z) = \cos(z + \dfrac{\pi}{4})$

問題 4.2 点 z がつぎの図形上を動くとき, $w = z^2$ で定められる点 w が描く図形を求めよ.

(1) 0 と $\sqrt{3} + i$ を結ぶ線分　　(2) $1 + i$ と $1 - i$ を結ぶ線分

(3) $|z| = 2$　　(4) $|z| = 2$ かつ $\operatorname{Re} z \geqq 1$

問題 4.3 点 z がつぎの図形上を動くとき, $w = \dfrac{z}{z-2}$ で定められる点 w が描く図形を求めよ.

(1) $|z| = 1$　　(2) $|z - i| = 2$　　(3) $\operatorname{Im} z = 1$

問題 4.4 点 z がつぎの図形上を動くとき, $w = e^z$ で定められる点 w が描く図形を求めよ.

(1) 1 と $1 + 2\pi i$ を結ぶ線分　　(2) $\dfrac{\pi}{4}i$ と $1 + \dfrac{\pi}{4}i$ を結ぶ線分

(3) $0 \leqq \operatorname{Re} z \leqq 1$　　(4) $\dfrac{\pi}{6} \leqq \operatorname{Im} z \leqq \dfrac{\pi}{3}$

問題 4.5 つぎの方程式を満たす z を求めよ.

(1) $e^{iz} = -1$　　(2) $\cos z = 3$　　(3) $\sin z = i$

第 2 章
複 素 積 分

§5 複素関数の積分

実変数複素数値関数の微分積分 複素関数の積分を定義するための準備として，実変数複素数値関数の微分と積分について述べる．関数 $f(t) = u(t) + iv(t)$ ($u(t)$, $v(t)$ は実数値関数) の微分を

$$f'(t) = (\mathrm{Re}\, f(t))' + i(\mathrm{Im}\, f(t))' = u'(t) + iv'(t)$$

で定める．

例 1． $f(t) = t^2 + it$ のとき

$$f'(t) = (t^2)' + i(t)' = 2t + i \cdot 1 = 2t + i$$

である．

例 2． $e^{it} = \cos t + i \sin t$ を微分すると

$$\begin{aligned}(e^{it})' &= (\cos t)' + i(\sin t)' = -\sin t + i\cos t \\ &= i(\cos t + i\sin t) = ie^{it}\end{aligned}$$

となる．さらに，$\theta(t)$ を t の実数値関数として $e^{i\theta(t)} = \cos\theta(t) + i\sin\theta(t)$ を微分すると

$$\begin{aligned}\{e^{i\theta(t)}\}' &= \{\cos\theta(t)\}' + i\{\sin\theta(t)\}' = -\sin\theta(t)\cdot\theta'(t) + i\cos\theta(t)\cdot\theta'(t) \\ &= i\{\cos\theta(t) + i\sin\theta(t)\}\theta'(t) = ie^{i\theta(t)}\theta'(t)\end{aligned}$$

となる．

関数 $f(t) = u(t) + iv(t)$ と $g(t) = p(t) + iq(t)$ の積 $f(t)g(t)$ の微分について，実変数実数値関数と同じ公式

$$\{f(t)g(t)\}' = f'(t)g(t) + f(t)g'(t)$$

が成り立つ．この公式を繰り返し用いることにより

$$\{f(t)^2\}' = 2f(t)f'(t),$$
$$\{f(t)^3\}' = 3f(t)^2 f'(t),$$
$$\vdots$$
$$\{f(t)^n\}' = nf(t)^{n-1}f'(t),$$
$$\vdots$$

を示すことができる．さらに, $f(t)^n \cdot f(t)^{-n} = 1$ を微分して

$$\{f(t)^n\}' \cdot f(t)^{-n} + f(t)^n \cdot \{f(t)^{-n}\}' = 0$$

すなわち

$$\{f(t)^{-n}\}' = -f(t)^{-2n}\{f(t)^n\}' = -nf(t)^{-n-1}f'(t)$$

であるから, 次の公式が得られる．

関数 $f(t)^n$ の微分

$$\{f(t)^n\}' = nf(t)^{n-1}f'(t), \quad n = \pm 1, \pm 2, \pm 3, \cdots$$

次に，関数 $f(t) = u(t) + iv(t)$ ($u(t), v(t)$ は実数値関数) の区間 $\alpha \leqq t \leqq \beta$ における定積分 $\displaystyle\int_\alpha^\beta f(t)\,dt$ を

$$\int_\alpha^\beta f(t)\,dt = \int_\alpha^\beta \operatorname{Re} f(t)\,dt + i\int_\alpha^\beta \operatorname{Im} f(t)\,dt$$
$$= \int_\alpha^\beta u(t)\,dt + i\int_\alpha^\beta v(t)\,dt$$

で定める．

例 3. $f(t) = t^2 + it$ の区間 $0 \leqq t \leqq 2$ での定積分は

$$\int_0^2 f(t)\,dt = \int_0^2 t^2\,dt + i\int_0^2 t\,dt = \left[\frac{1}{3}t^3\right]_0^2 + i\left[\frac{1}{2}t^2\right]_0^2 = \frac{8}{3} + 2i$$

となる．

§5 複素関数の積分

$n = \pm 1, \pm 2, \pm 3, \cdots$ として，$nf(t)^{n-1}f'(t) = \{f(t)^n\}'$ を積分すると

$$\int_\alpha^\beta nf(t)^{n-1}f'(t)\,dt = \int_\alpha^\beta \{f(t)^n\}'\,dt = \Big[f(t)^n\Big]_\alpha^\beta = f(\beta)^n - f(\alpha)^n$$

である．両辺を n で割り $n-1$ を m と書き換えて，次を得る．

関数 $f(t)^m f'(t)$ の定積分

(5.1)　　$\displaystyle\int_\alpha^\beta f(t)^m f'(t)\,dt = \frac{1}{m+1}\Big(f(\beta)^{m+1} - f(\alpha)^{m+1}\Big) \quad (m \neq -1)$

実変数実数値関数の積分と同様に次の評価が成り立つ．この評価は複素積分の実定積分への応用で使われる．

実変数複素数値関数の積分の評価

(5.2)　　$\displaystyle\left|\int_\alpha^\beta f(t)\,dt\right| \leq \int_\alpha^\beta |f(t)|\,dt$

証明　$\displaystyle\int_\alpha^\beta f(t)\,dt$ の偏角を θ とし，極形式で表すと

$$\int_\alpha^\beta f(t)\,dt = \left|\int_\alpha^\beta f(t)\,dt\right| \cdot e^{i\theta}$$

であるから

$$\left|\int_\alpha^\beta f(t)\,dt\right| = e^{-i\theta} \cdot \int_\alpha^\beta f(t)\,dt = \int_\alpha^\beta e^{-i\theta} f(t)\,dt$$

$$= \int_\alpha^\beta \mathrm{Re}\Big(e^{-i\theta}f(t)\Big)\,dt + i\int_\alpha^\beta \mathrm{Im}\Big(e^{-i\theta}f(t)\Big)\,dt$$

となる．ここで左辺は実数であるから $\displaystyle\int_\alpha^\beta \mathrm{Im}\Big(e^{-i\theta}f(t)\Big)\,dt = 0$ でなければならない．さらに

$$\mathrm{Re}\Big(e^{-i\theta}f(t)\Big) \leq |e^{-i\theta}f(t)| = |e^{-i\theta}| \cdot |f(t)| = |f(t)|$$

が成り立つから

$$\left|\int_\alpha^\beta f(t)\,dt\right| = \int_\alpha^\beta \mathrm{Re}\Big(e^{-i\theta}f(t)\Big)\,dt \leq \int_\alpha^\beta |f(t)|\,dt$$

が成り立つ．(証明終)

複素関数の積分　複素変数複素数値関数 $f(z)$ の $z=p$ から $z=q$ までの定積分を定義しよう．

まず，点 $z=p$ を始点とし，点 $z=q$ を終点とする曲線

$$C : z = \phi(t), \quad \alpha \leqq t \leqq \beta$$

をとる．

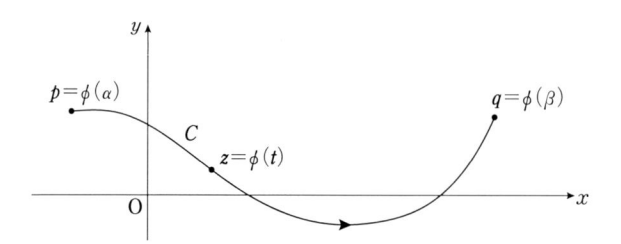

この曲線 C に沿った $f(z)$ の $z=p$ から $z=q$ までの定積分を次のように定める．

複素積分の定義

$$\int_C f(z)\,dz = \int_\alpha^\beta f(\phi(t)) \cdot \phi'(t)\,dt$$

曲線 C は実変数実数値関数 $f(x)$ の定積分 $\displaystyle\int_p^q f(x)\,dx$ (実積分) における区間 $p \leqq x \leqq q$ に相当する．

例 4. $f(z) = 4z + 3\bar{z}$ を次の曲線に沿って積分しよう．

(1) $C_1 : z = t + it^2, \quad 0 \leqq t \leqq 1$　　(2) $C_2 : z = t^2 + it, \quad 0 \leqq t \leqq 1$

(1) $x=t, y=t^2$ として t を消去すると放物線 $y=x^2$ となる．$0 \leqq t \leqq 1$ より $0 \leqq x \leqq 1$ であるから C_1 は右の図のようになる．

$z = t + it^2$ のとき

$$\begin{aligned}f(z) &= 4z + 3\bar{z} = 4(t+it^2) + 3(t-it^2) \\ &= 7t + i \cdot t^2\end{aligned}$$

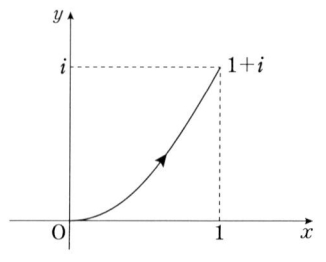

であり，$z = t + it^2$ を t で微分すると

$$z' = (t)' + i(t^2)' = 1 + i \cdot 2t$$

であるから

$$\int_{C_1} (4z + 3\bar{z})\, dz = \int_0^1 (7t + i \cdot t^2) \cdot (1 + i \cdot 2t)\, dt = \int_0^1 (7t - 2t^3 + i \cdot 15t^2)\, dt$$
$$= \int_0^1 (7t - 2t^3)\, dt + i \int_0^1 15t^2\, dt = 3 + 5i$$

となる．

(2) $x = t^2$, $y = t$ として t を消去すると $y^2 = x$ となる．$0 \leqq t \leqq 1$ より $0 \leqq x \leqq 1$, $0 \leqq y \leqq 1$ であり，$y = \sqrt{x}$ となるから C_2 は右の図のようになる．C_1 とは，始点 ($z = 0$) と終点 ($z = 1 + i$) は一致するが，途中の経路は異なる．

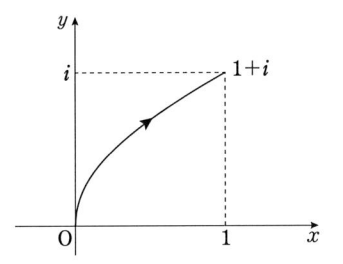

$z = t^2 + i \cdot t$ のとき

$$f(z) = 4z + 3\bar{z} = 4(t^2 + i \cdot t) + 3(t^2 - i \cdot t) = 7t^2 + i \cdot t$$

であり，$z = t^2 + i \cdot t$ を t で微分すると

$$z' = (t^2)' + i(t)' = 2t + i \cdot 1$$

であるから

$$\int_{C_2} (4z + 3\bar{z})\, dz = \int_0^1 (7t^2 + i \cdot t) \cdot (2t + i \cdot 1)\, dt = \int_0^1 (14t^3 - t + i \cdot 9t^2)\, dt$$
$$= \int_0^1 (14t^3 - t)\, dt + i \int_0^1 9t^2\, dt = 3 + 3i$$

となる．

このように，一般には，複素積分の値は積分路の始点と終点だけでは決まらず，途中の経路 (積分路の形) に依存する．

例 5. $\int_C z^2\,dz$, $C: z = t$, $1 \leq t \leq 3$

C は実軸上の線分である．$z = t$ を t について微分すると

$$z' = 1$$

であるから

$$\int_C z^2\,dz = \int_1^3 t^2 \cdot 1\,dt = \int_1^3 t^2\,dt = \left[\frac{1}{3}t^3\right]_1^3 = \frac{26}{3}$$

となる．

一般に，積分路が実軸上の線分 $C: z = t$, $\alpha \leq t \leq \beta$ である場合，複素積分 $\int_C f(z)\,dz$ は $f(z)$ において複素数 z を実数 t に制限して得られる実変数複素数値関数 $f(t)$ の積分 $\int_\alpha^\beta f(t)\,dt$ に一致する．

例 6. $\int_C \dfrac{1}{z}\,dz$, $C: z = Re^{it}$, $0 \leq t \leq 2\pi$ (R は正の定数)

C は原点を中心とする，半径 R の円を表している．

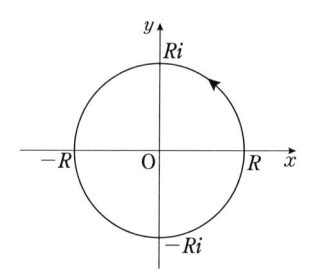

$z = Re^{it}$ を t について微分すると

$$z' = Rie^{it}$$

であるから

$$\int_C \frac{1}{z}\,dz = \int_0^{2\pi} \frac{1}{Re^{it}} \cdot Rie^{it}\,dt = \int_0^{2\pi} i\,dt = \Big[\,it\,\Big]_0^{2\pi} = 2\pi i$$

となる．したがって関数 $f(z) = \dfrac{1}{z}$ の原点中心，半径 R の円に沿った一周積分の値は半径 R によらず一定である．

§5 複素関数の積分

複素積分の性質 複素積分は次の性質をみたす.

> **定理 5.1 (複素積分の性質)**
> (1) $\displaystyle\int_C \{f(z) \pm g(z)\}\,dz = \int_C f(z)\,dz \pm \int_C g(z)\,dz$
> (2) $\displaystyle\int_C \{k \cdot f(z)\}\,dz = k \cdot \int_C f(z)\,dz \quad$ (k は定数)
> (3) $\displaystyle\int_{C_1+C_2} f(z)\,dz = \int_{C_1} f(z)\,dz + \int_{C_2} f(z)\,dz$
> (4) $\displaystyle\int_{-C} f(z)\,dz = -\int_C f(z)\,dz$

ここで $C_1 + C_2$ は C_1 の終点と C_2 の始点が一致しているときに, C_1 と C_2 をつなげてできる曲線を表す.

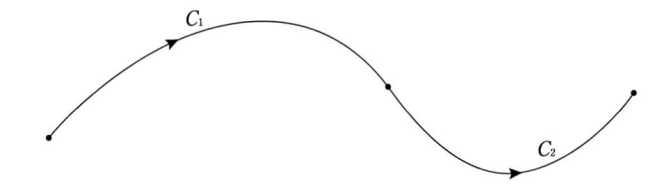

また, $-C$ は C と逆向きの曲線を表す. (実際には $-C$ と C は重なるのだが, 下図ではずらして描いてある.)

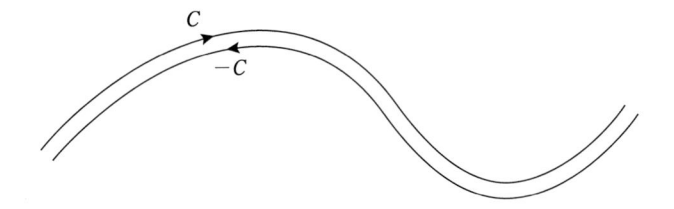

(3), (4) の性質はそれぞれ実積分の性質

$$\int_a^b f(x)\,dx = \int_a^c f(x)\,dx + \int_c^b f(x)\,dx, \quad \int_b^a f(x)\,dx = -\int_a^b f(x)\,dx$$

に相当する.

━━━━━━━━━━━━━━━━━━━ 演習問題 ━━━━━━━━━━━━━━━━━━━

問題 5.1 実変数複素数値関数 $f(t)$, $g(t)$ に対して，積の微分公式
$$\{f(t)g(t)\}' = f'(t)g(t) + f(t)g'(t)$$
を証明せよ．

問題 5.2 次の関数を微分せよ．

（1） $f(t) = t^2 + 2t + i(t^3 + 3t)$ （2） $f(t) = (t^2 + it)^3$

（3） $f(t) = e^{2t + i \cdot 3t}$ （4） $f(t) = \cos(3t - i \cdot 2t)$

問題 5.3 次の問いに答えよ．

（1） a, b を実数の定数 $(a^2 + b^2 \neq 0)$ とし，x を実変数とするとき
$$\int_0^x e^{(a+ib)t}\,dt$$
を求めよ．（ヒント：$(e^{(a+ib)t})' = (a+ib)e^{(a+ib)t}$）

（2）（1）の結果の実部と虚部をくらべることにより
$$\int_0^x e^{at}\cos bt\,dt, \quad \int_0^x e^{at}\sin bt\,dt$$
を求めよ．

問題 5.4 次の複素積分の値を求めよ．

（1） $\displaystyle\int_C (\operatorname{Re} z + \operatorname{Im} z)\,dz$, $C : z = t + i(1 - t^2)$, $-1 \leqq t \leqq 1$

（2） $\displaystyle\int_C |z|^2\,dz$, $C : z = t + i(1 - t^2)$, $-1 \leqq t \leqq 1$

（3） $\displaystyle\int_C |z|^2\,dz$, $C : z = e^{i(\pi - t)}$, $0 \leqq t \leqq \pi$

（4） $\displaystyle\int_C \bar{z}\,dz$, $C : z = Re^{it}$, $0 \leqq t \leqq 2\pi$ (R は正の定数)

（5） $\displaystyle\int_C \frac{1}{z^2}\,dz$, $C : z = Re^{it}$, $0 \leqq t \leqq 2\pi$ (R は正の定数)

§6 多項式・分数式の積分 I

多項式の積分　関数 $f(z) = z^n$ $(n = 0, 1, 2, \cdots)$ の点 $z = p$ から点 $z = q$ までの積分を考えよう．積分路を

$$C : z = \phi(t), \quad \alpha \leq t \leq \beta$$

とする．ここで $\phi(\alpha) = p,\ \phi(\beta) = q$ である．

$$\int_C z^n\, dz = \int_\alpha^\beta \phi(t)^n \phi'(t)\, dt$$

において $n \neq -1$ であるから，27 ページで示した (5.1) 式を適用することができ

$$\int_C z^n\, dz = \frac{1}{n+1}\{\phi(\beta)^{n+1} - \phi(\alpha)^{n+1}\} = \frac{1}{n+1}(q^{n+1} - p^{n+1})$$

となる．したがって，$\int_C z^n\, dz$ の値は C の始点と終点のみから決まり，途中の経路 (積分路の形) に依存しない．

例 1.　積分 $\int_{-1}^{1+i} z^2\, dz$ の値はどのような積分路で積分しても

$$\int_{-1}^{1+i} z^2\, dz = \frac{1}{3}\big((1+i)^3 - (-1)^3\big) = -\frac{1}{3} + \frac{2}{3}i$$

である．

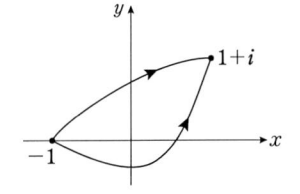

積分路 C が単純閉曲線ならば $q = p$ であるから

$$\int_C z^n\, dz = 0$$

が成り立つ．さらに，多項式 $P(z) = a_m z^m + a_{m-1} z^{m-1} + \cdots + a_0$ に対して

$$\int_C P(z)\, dz = a_m \int_C z^m\, dz + a_{m-1} \int_C z^{m-1}\, dz + \cdots + a_0 \int_C 1\, dz$$

であるから，次の定理が得られる．

定理 6.1 (多項式の一周積分)　$P(z)$ が多項式のとき，任意の単純閉曲線 C に対して

$$\int_C P(z)\, dz = 0$$

が成り立つ．

関数 $\dfrac{1}{(z-a)^n}$ $(n \geqq 2)$ の積分　a を定数とし，n を 2 以上の整数として関数 $f(z) = \dfrac{1}{(z-a)^n}$ の点 $z=p$ から点 $z=q$ までの積分を考えよう．積分路

$$C: z = \phi(t), \quad \alpha \leqq t \leqq \beta$$

は $z=a$ を通らないとする．また，$\phi(\alpha) = p, \phi(\beta) = q$ である．

$$\int_C \frac{1}{(z-a)^n}\, dz = \int_\alpha^\beta \frac{1}{(\phi(t)-a)^n} \phi'(t)\, dt = \int_\alpha^\beta (\phi(t)-a)^{-n}(\phi(t)-a)'\, dt$$

に 27 ページの (5.1) 式を $f(t) = \phi(t) - a, m = -n$ として適用すると

$$\begin{aligned}\int_C \frac{1}{(z-a)^n}\, dz &= \frac{1}{-n+1}\{(\phi(\beta)-a)^{-n+1} - (\phi(\alpha)-a)^{-n+1}\} \\ &= -\frac{1}{n-1}\left\{\frac{1}{(q-a)^{n-1}} - \frac{1}{(p-a)^{n-1}}\right\}\end{aligned}$$

となる．したがって，$\displaystyle\int_C \frac{1}{(z-a)^n}\, dz$ $(n=2,3,4,\cdots)$ の値は C の始点と終点のみから決まる．また，C が単純閉曲線ならば $q=p$ であるから

$$\int_C \frac{1}{(z-a)^n}\, dz = 0$$

が成り立つ．

定理 6.2 (関数 $1/(z-a)^n$ の一周積分)　$z=a$ を通らない任意の単純閉曲線 C に対して

$$\int_C \frac{1}{(z-a)^n}\, dz = 0, \quad n = 2, 3, 4, \cdots$$

が成り立つ．

例 2. $\displaystyle\int_{-1}^{1+i} \frac{1}{(z-1)^2}\, dz = \frac{1}{-1}\big((1+i-1)^{-1} - (-1-1)^{-1}\big) = -\frac{1}{2} + i$

$\displaystyle\int_{|z|=R} \frac{1}{(z-1)^2}\, dz = 0$　ただし R は 1 でない任意の正の実数

§6 多項式・分数式の積分 I

関数 $\dfrac{1}{z-a}$ の積分 a を定数として関数 $f(z) = \dfrac{1}{z-a}$ の点 $z=p$ から点 $z=q$ までの積分を考えよう. 積分路

$$C : z = \phi(t), \quad \alpha \leqq t \leqq \beta$$

は $z=a$ を通らないとする. また, $\phi(\alpha) = p, \phi(\beta) = q$ である.

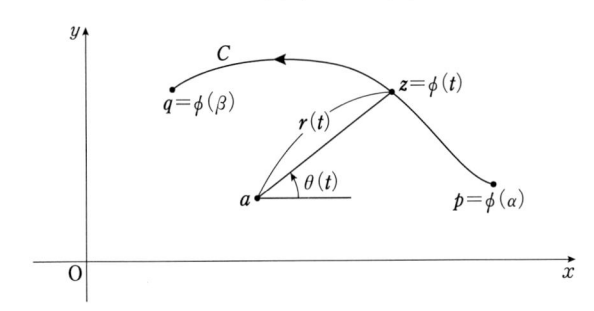

まず, $\phi(t) - a$ を極形式で表す.

$$r(t) = |\phi(t) - a|, \quad \theta(t) = \arg(\phi(t) - a)$$

とすると $\phi(t) - a = r(t)e^{i\theta(t)}$ したがって $\phi(t) = a + r(t)e^{i\theta(t)}$ であり,

$$\phi'(t) = \{a + r(t)e^{i\theta(t)}\}' = r'(t)e^{i\theta(t)} + r(t)ie^{i\theta(t)}\theta'(t)$$

であるから

$$\begin{aligned}
\int_C \frac{1}{z-a}\,dz &= \int_\alpha^\beta \frac{1}{\phi(t)-a}\phi'(t)\,dt \\
&= \int_\alpha^\beta \frac{1}{r(t)e^{i\theta(t)}}\{r'(t)e^{i\theta(t)} + r(t)ie^{i\theta(t)}\theta'(t)\}\,dt \\
&= \int_\alpha^\beta \left(\frac{r'(t)}{r(t)} + i\theta'(t)\right)dt = \Big[\log r(t) + i\theta(t)\Big]_\alpha^\beta \\
&= \log r(\beta) - \log r(\alpha) + i\{\theta(\beta) - \theta(\alpha)\}
\end{aligned}$$

となる. すなわち, 積分 $\displaystyle\int_C \frac{1}{z-a}\,dz$ の値は $p-a$ と $q-a$ の絶対値 $r(\alpha), r(\beta)$ と偏角 $\theta(\alpha), \theta(\beta)$ から決まるが, 以下の例で示すように, 偏角の値 (とくに $\theta(\beta)$ の値) は積分路 (途中の経路) に依存し, 積分の値も始点 p と終点 q のみでは決まらず, 途中の経路に依存する.

例 3. 図の積分路

$C_1 : z = \phi_1(t) = 1 + e^{i(\pi-t)},\ 0 \leqq t \leqq \pi,$
$C_2 : z = \phi_2(t) = 1 + e^{i(\pi+t)},\ 0 \leqq t \leqq \pi$

に沿って $\dfrac{1}{z-1}$ を 0 から 2 まで積分する.

C_1 の始点において

$$\theta_1(0) = \arg(\phi_1(0) - 1) = \pi$$

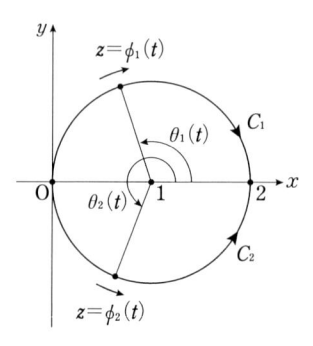

とすると, t が 0 から π まで変化するにつれて $\theta_1(t)$ は減少し, 終点では

$$\theta_1(\pi) = 0$$

となる. $r_1(t) = |\phi_1(t) - 1|$ は一定で $r_1(0) = r_1(\pi) = 1$ であるから

$$\int_{C_1} \frac{1}{z-1}\,dz = \log 1 - \log 1 + i(0 - \pi) = -\pi i$$

である.

一方, C_2 においては t が 0 から π まで変化するにつれて $\theta_2(t)$ は増加し, 始点で C_1 と同じく $\theta_2(0) = \arg(\phi_2(0) - 1) = \pi$ とすると, 終点では

$$\theta_2(\pi) = 2\pi$$

となるから

$$\int_{C_2} \frac{1}{z-1}\,dz = \log 1 - \log 1 + i(2\pi - \pi) = \pi i$$

であり, C_1 に沿った積分とは異なる値となる.

例 4. 例 3 の C_1, C_2 に沿って $\dfrac{1}{z - (1 - \sqrt{3}\,i)}$ を積分しよう.

C_1 に沿って $\theta_1(t) = \arg(\phi_1(t) - (1 - \sqrt{3}\,i))$ は

$$\theta_1(0) = \frac{2\pi}{3} \quad \text{から} \quad \theta_1(\pi) = \frac{\pi}{3}$$

まで減少し, $r_1(t) = |\phi_1(t) - (1 - \sqrt{3}\,i)|$ は

$$r_1(0) = r_1(\pi) = 2$$

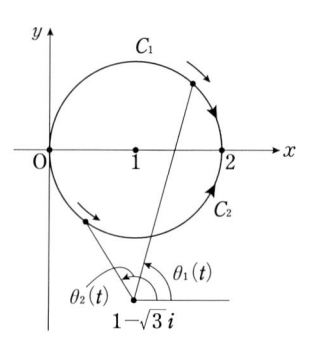

§6 多項式・分数式の積分 I

なので
$$\int_{C_1} \frac{1}{z-(1-\sqrt{3}\,i)}\,dz = \log 2 - \log 2 + i\Bigl(\frac{\pi}{3} - \frac{2\pi}{3}\Bigr) = -\frac{\pi}{3}i$$
である．

一方，C_2 に沿っては $\theta_2(t) = \arg(\phi_2(t) - (1-\sqrt{3}\,i))$ は $\theta_2(0) = \dfrac{2\pi}{3}$ から増加しはじめるが，まもなく減少に転じ，最終的には $\theta_2(\pi) = \dfrac{\pi}{3}$ となる．$r_2(t) = |\phi_2(t) - (1-\sqrt{3}\,i)|$ は $r_2(0) = r_2(\pi) = 2$ なので
$$\int_{C_2} \frac{1}{z-(1-\sqrt{3}\,i)}\,dz = \log 2 - \log 2 + i\Bigl(\frac{\pi}{3} - \frac{2\pi}{3}\Bigr) = -\frac{\pi}{3}i$$
となり，C_1 に沿った積分と一致する．

これらの結果から，単純閉曲線 $C_2 + (-C_1)$ すなわち円 $|z-1|=1$ に沿った一周積分は
$$\int_{|z-1|=1} \frac{1}{z-1}\,dz = \int_{C_2} \frac{1}{z-1}\,dz - \int_{C_1} \frac{1}{z-1}\,dz = \pi i - (-\pi i) = 2\pi i,$$
$$\int_{|z-1|=1} \frac{1}{z-(1-\sqrt{3}\,i)}\,dz = \int_{C_2} \frac{1}{z-(1-\sqrt{3}\,i)}\,dz - \int_{C_1} \frac{1}{z-(1-\sqrt{3}\,i)}\,dz$$
$$= -\frac{\pi}{3}i - \Bigl(-\frac{\pi}{3}i\Bigr) = 0$$
となる．$\dfrac{1}{z-1}$ と $\dfrac{1}{z-(1-\sqrt{3}\,i)}$ では積分の値が異なるが，これらの違いの本質は分母が 0 となる点 $z=1$, $z=1-\sqrt{3}\,i$ が積分路 $|z-1|=1$ の内部にあるか外部にあるかであり，一般に次が成り立つ．

定理 6.3 (関数 $1/(z-a)$ の一周積分) 　関数 $\dfrac{1}{z-a}$ を $z=a$ を通らない単純閉曲線 C に沿って一周積分するとき

(1) 点 $z=a$ が C の外部にあるならば $\displaystyle\int_C \frac{1}{z-a}\,dz = 0$

(2) 点 $z=a$ が C の内部にあるならば $\displaystyle\int_C \frac{1}{z-a}\,dz = 2\pi i$

である．

証明 (1) 点 $z = a$ は C の外部にあるとする．

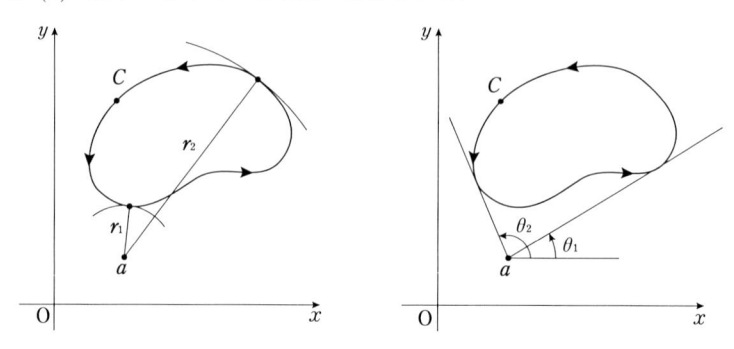

このとき $r(t) = |\phi(t) - a|$ は図の r_1 から r_2 の間で変化するが，始点と終点では同じ値となり
$$r(\beta) = r(\alpha)$$
である．$\theta(t) = \arg(\phi(t) - a)$ についても図の θ_1 から θ_2 の間で変化するが，始点と終点では同じ値となり
$$\theta(\beta) = \theta(\alpha)$$
である．したがって
$$\int_C \frac{1}{z-a} dz = \log r(\beta) - \log r(\alpha) + i\{\theta(\beta) - \theta(\alpha)\} = 0$$
が成り立つ．

(2) 点 $z = a$ が単純閉曲線 C の内部にあるとする．このとき $r(t) = |\phi(t) - a|$ は a が外部にあるときと同様に始点と終点では同じ値となり $r(\beta) = r(\alpha)$ であるが，a から測った偏角 $\theta(t) = \arg(\phi(t) - a)$ は $z = \phi(t)$ が C に沿って一周すると 2π だけ増えるので 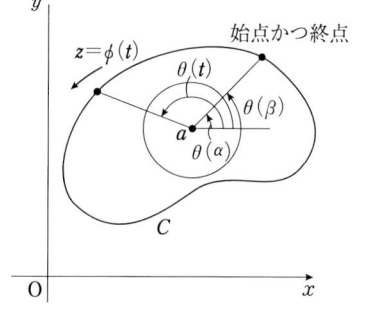
$$\theta(\beta) = \theta(\alpha) + 2\pi$$
となる．したがって
$$\int_C \frac{1}{z-a} dz = \log r(\beta) - \log r(\alpha) + i\{\theta(\beta) - \theta(\alpha)\} = 2\pi i$$
が成り立つ．(証明終)

§6 多項式・分数式の積分 I

演習問題

問題 6.1 $C : z = \cos t + i \cdot 2\sin t,\ 0 \leq t \leq \dfrac{\pi}{2}$ とするとき，次の積分の値を求めよ．

(1) $\displaystyle\int_C (3z^2 + 2z^3)\,dz$ 　　(2) $\displaystyle\int_C \left(\dfrac{3}{z^2} + \dfrac{2}{z^3}\right) dz$

問題 6.2 $C : z = e^{it},\ 0 \leq t \leq \pi$ とするとき，次の積分の値を求めよ．

(1) $\displaystyle\int_C \dfrac{1}{z - \sqrt{3}}\,dz$ 　　(2) $\displaystyle\int_C \dfrac{1}{z + \sqrt{3}}\,dz$

(3) $\displaystyle\int_C \dfrac{1}{z - \sqrt{3}\,i}\,dz$ 　　(4) $\displaystyle\int_C \dfrac{1}{z + \sqrt{3}\,i}\,dz$

問題 6.3 $C : z = 1 + 2i + 3e^{it},\ 0 \leq t \leq 2\pi$ とするとき，次の積分の値を求めよ．

(1) $\displaystyle\int_C \dfrac{1}{z - 2}\,dz$ 　　(2) $\displaystyle\int_C \dfrac{1}{z - 2i}\,dz$

(3) $\displaystyle\int_C \dfrac{1}{z + 1}\,dz$ 　　(4) $\displaystyle\int_C \dfrac{1}{z + i}\,dz$

問題 6.4 次の積分の値を求めよ．

(1) $\displaystyle\int_{|z|=1} \left\{\dfrac{4}{(z-2)^2} + \dfrac{5}{z-2} + 6 + 7(z-2) + 8(z-2)^2\right\} dz$

(2) $\displaystyle\int_{|z|=3} \left\{\dfrac{4}{(z-2)^2} + \dfrac{5}{z-2} + 6 + 7(z-2) + 8(z-2)^2\right\} dz$

§7 多項式・分数式の積分 II

一般の分数式の積分　前節において $\dfrac{1}{(z-a)^n}$ の形の分数式の積分について述べたが，この節では一般の分数式

$$f(z) = \frac{P(z)}{Q(z)}$$

の積分について述べる．ここで $P(z), Q(z)$ は共通の因数をもたない多項式である．

$$Q(z) = (z-a_1)^{n_1}(z-a_2)^{n_2}\cdots(z-a_k)^{n_k}$$

とすると $\dfrac{P(z)}{Q(z)}$ は次のように部分分数に展開される．

$$\begin{aligned}
\frac{P(z)}{Q(z)} = P_0(z) &+ \frac{p_{1,1}}{z-a_1} + \frac{p_{1,2}}{(z-a_1)^2} + \cdots + \frac{p_{1,n_1}}{(z-a_1)^{n_1}} \\
&+ \frac{p_{2,1}}{z-a_2} + \frac{p_{2,2}}{(z-a_2)^2} + \cdots + \frac{p_{2,n_2}}{(z-a_2)^{n_2}} \\
&+ \cdots \\
&+ \frac{p_{k,1}}{z-a_k} + \frac{p_{k,2}}{(z-a_k)^2} + \cdots + \frac{p_{k,n_k}}{(z-a_k)^{n_k}}
\end{aligned}$$

ここで $P_0(z)$ は多項式である．この式を点 $z = a_1, a_2, \cdots, a_k$ を通らない単純閉曲線 C に沿って一周積分すると，$P_0(z)$ の項は定理 6.1 により 0 となり，分母が $z-a_1, \cdots, z-a_k$ の 2 乗以上の項は定理 6.2 により 0 となってしまうので

$$\int_C \frac{P(z)}{Q(z)}\,dz = \int_C \frac{p_{1,1}}{z-a_1}\,dz + \int_C \frac{p_{2,1}}{z-a_2}\,dz + \cdots + \int_C \frac{p_{k,1}}{z-a_k}\,dz$$

となる．さらに，点 $z = a_1, \cdots, a_\ell$ が C の内部にあり，点 $z = a_{\ell+1}, \cdots, a_k$ が C の外部にあるならば定理 6.3 より

(7.1)
$$\begin{aligned}
\int_C \frac{P(z)}{Q(z)}\,dz &= \int_C \frac{p_{1,1}}{z-a_1}\,dz + \cdots + \int_C \frac{p_{\ell,1}}{z-a_\ell}\,dz \\
&= p_{1,1}\int_C \frac{1}{z-a_1}\,dz + \cdots + p_{\ell,1}\int_C \frac{1}{z-a_\ell}\,dz \\
&= 2\pi i(p_{1,1} + \cdots + p_{\ell,1})
\end{aligned}$$

である．

§7 多項式・分数式の積分 II

例 1. $f(z) = \dfrac{5z^2 + 3z - 4}{(z-1)^2(z+3)}$ を次の円に沿って一周積分しよう．

(1) C_1：原点中心, 半径 2

(2) C_2：原点中心, 半径 5

まず, $f(z)$ を部分分数に展開すると

$$f(z) = \frac{3}{z-1} + \frac{1}{(z-1)^2} + \frac{2}{z+3}$$

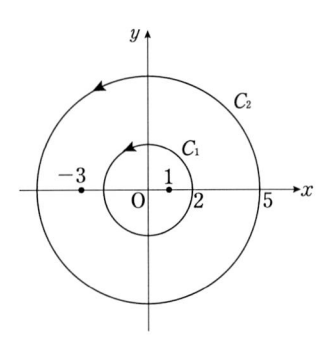

である．

(1) $z = 1$ は C_1 の内部にあり, $z = -3$ は C_1 の外部にあるから

$$\int_{C_1} f(z)\, dz = \int_{C_1} \frac{3}{z-1}\, dz = 3 \cdot 2\pi i = 6\pi i$$

である．

(2) $z = 1, z = -3$ とも C_2 の内部にあるから

$$\int_{C_2} f(z)\, dz = \int_{C_2} \frac{3}{z-1}\, dz + \int_{C_2} \frac{2}{z+3}\, dz = 6\pi i + 4\pi i = 10\pi i$$

である．

なお, 点 $z = a_1, a_2, \cdots, a_k$ がすべて C の外部にあるとき, 次が成り立つ．

定理 7.1 (分数式の一周積分) 分数式 $f(z) = \dfrac{P(z)}{Q(z)}$ において

$$Q(z) = (z - a_1)^{n_1}(z - a_2)^{n_2} \cdots (z - a_k)^{n_k}$$

とする．点 $z = a_1, a_2, \cdots, a_k$ が単純閉曲線 C の外部にあるとき

$$\int_C f(z)\, dz = 0$$

が成り立つ．

極と留数 例でも見たように，分数式の積分 $\displaystyle\int_C \frac{P(z)}{Q(z)}\,dz$ を求めるには，$\dfrac{P(z)}{Q(z)}$ の部分分数展開における $\dfrac{1}{z-a_1}, \dfrac{1}{z-a_2}, \cdots, \dfrac{1}{z-a_k}$ の係数 $p_{1,1}, p_{2,1}, \cdots, p_{k,1}$ をあらかじめ求めておくと都合がよい．

分数式 $f(z) = \dfrac{P(z)}{Q(z)}$ において，$P(z)$ と $Q(z)$ は共通の因数をもたないとし，

$$Q(z) = (z-a_1)^{n_1}(z-a_2)^{n_2}\cdots(z-a_k)^{n_k}$$

とする．このとき $z = a_j\ (j = 1, \cdots, k)$ を $f(z)$ の**極**といい，n_j を極 $z = a_j$ の**位数**という．

例 2． $f(z) = \dfrac{5z^2 + 3z - 4}{(z-1)^2(z+3)}$ のとき $z = 1$ は位数 2 の極，$z = -3$ は位数 1 の極である．

曲線 K_j を $z = a_j$ のみが内部にあるような単純閉曲線とすると

$$\int_{K_j} f(z)\,dz = 2\pi i \cdot p_{j,1} \quad \text{すなわち} \quad p_{j,1} = \frac{1}{2\pi i}\int_{K_j} f(z)\,dz$$

が成り立つが，これを極 $z = a_j$ における $f(z)$ の**留数**といい

$$\mathrm{Res}[f(z); z = a_j] = \frac{1}{2\pi i}\int_{K_j} f(z)\,dz$$

で表す．公式 (7.1) を留数の記号を用いて述べると次のようになる．

定理 7.2（分数式の留数定理） 分数式 $f(z) = \dfrac{P(z)}{Q(z)}$ において

$$Q(z) = (z-a_1)^{n_1}(z-a_2)^{n_2}\cdots(z-a_k)^{n_k}$$

とする．点 $z = a_1, \cdots, a_\ell$ が単純閉曲線 C の内部にあり，点 $z = a_{\ell+1}, \cdots, a_k$ が C の外部にあるとき

$$\int_C f(z)\,dz = 2\pi i \sum_{j=1}^{\ell} \mathrm{Res}[f(z); z = a_j]$$

が成り立つ．

§7 多項式・分数式の積分 II

極 a_j の位数 n_j が 1 のとき, 留数 $\mathrm{Res}[f(z); z = a_j]$ は次のように求めることができる.

定理 7.3 (位数 1 の極の留数) 分数式 $f(z) = \dfrac{P(z)}{Q(z)}$ の極 a_j の位数が 1 ならば $g(z) = (z - a_j)f(z)$ とおくとき

$$\mathrm{Res}[f(z); z = a_j] = g(a_j)$$

である.

証明 $j = 1$ として証明する. $n_1 = 1$ ならば $f(z)$ の部分分数展開は

$$f(z) = P_0(z) + \frac{p_{1,1}}{z - a_1} + \frac{p_{2,1}}{z - a_2} + \frac{p_{2,2}}{(z - a_2)^2} + \cdots + \frac{p_{2,n_2}}{(z - a_2)^{n_2}}$$

$$+ \cdots + \frac{p_{k,1}}{z - a_k} + \frac{p_{k,2}}{(z - a_k)^2} + \cdots + \frac{p_{k,n_k}}{(z - a_k)^{n_k}}$$

となる. この式の両辺に $z - a_1$ をかけて

$$g(z) = p_{1,1} + (z - a_1)\Bigl\{ P_0(z) + \frac{p_{2,1}}{z - a_2} + \frac{p_{2,2}}{(z - a_2)^2} + \cdots + \frac{p_{2,n_2}}{(z - a_2)^{n_2}}$$

$$+ \cdots + \frac{p_{k,1}}{z - a_k} + \frac{p_{k,2}}{(z - a_k)^2} + \cdots + \frac{p_{k,n_k}}{(z - a_k)^{n_k}} \Bigr\}$$

が得られる. ここで $z = a_1$ を代入すると

$$g(a_1) = p_{1,1} = \mathrm{Res}[f(z); z = a_1]$$

である. (証明終)

例 3. $f(z) = \dfrac{4z - 1}{z^2 - 5z + 6}$ とする. $z^2 - 5z + 6 = (z - 2)(z - 3)$ であるから, $f(z)$ の極は $z = 2, 3$ であり, いずれも位数は 1 である. 留数は

$$\mathrm{Res}[f(z); z = 2] = \left[(z - 2)\frac{4z - 1}{(z - 2)(z - 3)}\right]_{z=2} = \frac{8 - 1}{2 - 3} = -7,$$

$$\mathrm{Res}[f(z); z = 3] = \left[(z - 3)\frac{4z - 1}{(z - 2)(z - 3)}\right]_{z=3} = \frac{12 - 1}{3 - 2} = 11$$

である.

例 4. $f(z) = \dfrac{4z-1}{z^2-5z+6}$ の次の円に沿った一周積分を求めよう．

(1) $|z-4| = 3$ (2) $|z-i| = 3$

$f(z)$ の極と留数はすでに例 3 で求めてある．

(1) 極 $z = 2, z = 3$ はともに $|z-4| = 3$ の内部にあるから

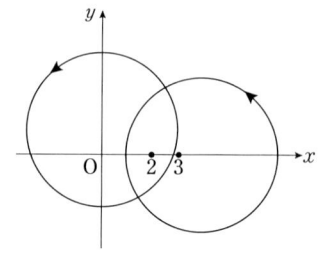

$$\int_{|z-4|=3} f(z)\,dz = 2\pi i \bigl(\mathrm{Res}[f(z); z=2] + \mathrm{Res}[f(z); z=3]\bigr)$$
$$= 2\pi i(-7 + 11) = 8\pi i$$

である．

(2) $z = 2$ は $|z-i| = 3$ の内部にあり，$z = 3$ は外部にあるから

$$\int_{|z-i|=3} f(z)\,dz = 2\pi i \cdot \mathrm{Res}[f(z); z=2] = -14\pi i$$

である．

例 5. $f(z) = \dfrac{1}{z^4+1}$ とする．$z^4 + 1 = (z - e^{\frac{\pi}{4}i})(z - e^{\frac{3\pi}{4}i})(z - e^{\frac{5\pi}{4}i})(z - e^{\frac{7\pi}{4}i})$ であるから，$f(z)$ の極は $z = e^{\frac{\pi}{4}i}, e^{\frac{3\pi}{4}i}, e^{\frac{5\pi}{4}i}, e^{\frac{7\pi}{4}i}$ であり，位数はいずれも 1 である．このうち $z = e^{\frac{\pi}{4}i}$ における留数を求めよう．

$$(z - e^{\frac{\pi}{4}i})f(z) = \frac{1}{(z - e^{\frac{3\pi}{4}i})(z - e^{\frac{5\pi}{4}i})(z - e^{\frac{7\pi}{4}i})}$$

であるから

$$\mathrm{Res}[f(z); z = e^{\frac{\pi}{4}i}] = \frac{1}{(e^{\frac{\pi}{4}i} - e^{\frac{3\pi}{4}i})(e^{\frac{\pi}{4}i} - e^{\frac{5\pi}{4}i})(e^{\frac{\pi}{4}i} - e^{\frac{7\pi}{4}i})} = -\frac{1}{4\sqrt{2}}(1+i)$$

である．この結果は §8 で使われる．

以上のように，すべての極の位数が 1 である分数式の一周積分の値は，不定積分を求める操作や部分分数展開を経ずに，簡単な代数計算 (代入) で求めることができる．

注意 位数が 2 以上の極についても，その留数は不定積分を求める操作や部分分数展開を経ずに求めることができる．詳しくは §14 で述べる．

§7 多項式・分数式の積分 II

積分路の変形 定理 6.1, 定理 6.2, 定理 6.3 (1) および定理 7.1 で多項式や分数式に対して「一周積分 = 0」という主張を述べたが，一周積分が 0 となることにより積分路の変形ができる．

例 6. 分数式 $f(z)$ は図の単純閉曲線 C と K で挟まれた部分および C, K 上に極をもたないとする．

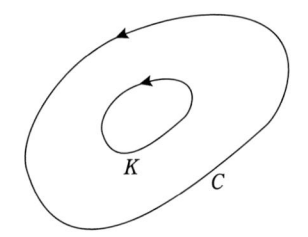

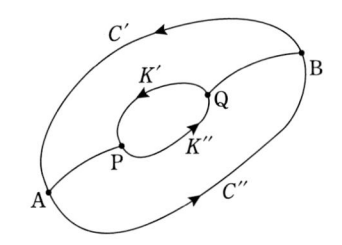

右の図のように C と K をつなぐ．$C = C' + C''$, $K = K' + K''$ と分割して 2 つの単純閉曲線 $C' + \mathrm{AP} + (-K') + \mathrm{QB}$, $C'' + \mathrm{BQ} + (-K'') + \mathrm{PA}$ をつくると，これらの内部に $f(z)$ の極は存在しないから

$$\int_{C'+\mathrm{AP}+(-K')+\mathrm{QB}} f(z)\,dz = 0, \quad \int_{C''+\mathrm{BQ}+(-K'')+\mathrm{PA}} f(z)\,dz = 0$$

である．これらを足し合わせると，AP, QB 上の積分は PA, BQ 上の積分と打ち消しあい

$$\left(\int_{C'} + \int_{C''} - \int_{K'} - \int_{K''}\right) f(z)\,dz = 0 \quad \text{すなわち} \quad \int_C f(z)\,dz = \int_K f(z)\,dz$$

が成り立つ．つまり，積分路 C を K に変形しても積分の値は変わらない．

このことは，右図のような場合に一般化できる．分数式 $f(z)$ が C と $K_1, \cdots, K_\ell$ で挟まれた部分 (網目の部分) とその周上に極をもたないならば

$$\int_C f(z)\,dz = \int_{K_1} f(z)\,dz + \cdots + \int_{K_\ell} f(z)\,dz$$

が成り立つ．これを用いると定理 7.2 (分数式の留数定理) は部分分数展開を用いることなく，示すことができる．

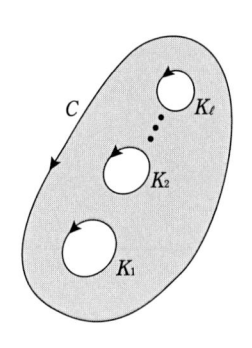

演習問題

問題 7.1 次の分数式の極とその位数を求めよ．さらに，位数 1 の極については留数も求めよ．

(1) $\dfrac{z}{z^2+5z+6}$　　　　(2) $\dfrac{z-4}{z^3-3z^2+2z}$

(3) $\dfrac{3z+2}{z^3+2z^2}$　　　　(4) $\dfrac{z+1}{z^3-3z^2+3z-9}$

問題 7.2 $f(z) = \dfrac{z}{z^2-3z-4}$ とするとき，次の一周積分の値を求めよ．

(1) $\displaystyle\int_{|z-1|=1} f(z)\,dz$　　(2) $\displaystyle\int_{|z+2|=3} f(z)\,dz$　　(3) $\displaystyle\int_{|z-3|=5} f(z)\,dz$

問題 7.3 $g(z) = \dfrac{1}{z^2+9}$ とするとき，次の一周積分の値を求めよ．

(1) $\displaystyle\int_{|z-2i|=3} g(z)\,dz$　　(2) $\displaystyle\int_{|z+1+2i|=2} g(z)\,dz$　　(3) $\displaystyle\int_{|z+2|=4} g(z)\,dz$

問題 7.4 分数式 $f(z)$ の極はすべて単純閉曲線 C の外部にあるとする．C の内部にある任意の点 a に対して

$$\int_C \frac{f(z)}{z-a}\,dz = 2\pi i f(a)$$

が成り立つことを示せ．(ヒント：$F(z) = \dfrac{f(z)}{z-a}$ に留数定理を適用する．なお，これを**コーシーの積分公式**という．)

問題 7.5 等式 $\dfrac{w^n-1}{w-1} = w^{n-1} + w^{n-2} + \cdots + w + 1 \ (w \neq 1)$ を利用して，次の分数式の極 $z = e^{\frac{\pi}{n}i}$ における留数を求めよ．

(1) $\dfrac{1}{z^n+1}$　　　　　　　(2) $\dfrac{z^m}{z^n+1}$ (m は正の整数)

(ヒント：$z - e^{\frac{\pi}{n}i}$ を乗じた式において $z = e^{\frac{\pi}{n}i}w$ とおく．$z = e^{\frac{\pi}{n}i} \Leftrightarrow w = 1$ に注意．)

§8 実積分への応用 I

三角関数の分数式の積分 三角関数 $\cos\theta, \sin\theta$ の分数式 $f(\cos\theta, \sin\theta)$ の 0 から 2π までの積分は $e^{i\theta} = z$ とおくことにより,複素積分になおすことができる.

例題 1
$$\int_0^{2\pi} \frac{1}{5 + 4\cos\theta} d\theta = \frac{2\pi}{3}$$

解 $I = \displaystyle\int_0^{2\pi} \frac{1}{5 + 4\cos\theta} d\theta$ において,$e^{i\theta} = z$ とおくと

$$\cos\theta = \frac{1}{2}(e^{i\theta} + e^{-i\theta}) = \frac{1}{2}\left(z + \frac{1}{z}\right)$$

であり

$$\frac{dz}{d\theta} = \frac{d}{d\theta}(e^{i\theta}) = ie^{i\theta} \quad \text{より} \quad d\theta = \frac{1}{ie^{i\theta}} dz = \frac{1}{iz} dz$$

である.さらに,θ が 0 から 2π まで変化するとき $z = e^{i\theta}$ は複素数平面上の原点を中心とする半径 1 の円周上を一周するから

$$I = \int_{|z|=1} \frac{1}{5 + 4 \cdot \frac{1}{2}\left(z + \frac{1}{z}\right)} \cdot \frac{1}{iz} dz = \frac{1}{i}\int_{|z|=1} \frac{1}{2z^2 + 5z + 2} dz$$

と複素積分になおすことができる.

$$\frac{1}{2z^2 + 5z + 2} = \frac{1}{2(z+2)\left(z + \frac{1}{2}\right)}$$

であり,円 $|z| = 1$ の内部にある極は $z = -\dfrac{1}{2}$ であるから

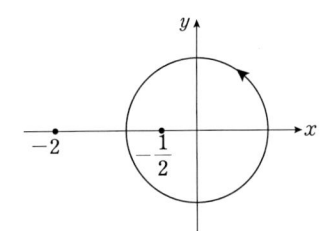

$$I = \frac{1}{i} \cdot 2\pi i \cdot \text{Res}\left[\frac{1}{2z^2 + 5z + 2}; z = -\frac{1}{2}\right] = 2\pi\left[\frac{1}{2(z+2)}\right]_{z=-\frac{1}{2}} = \frac{2\pi}{3}$$

である.(解終)

一般には次が成り立つ.

三角関数の分数式の積分

$$\int_0^{2\pi} f(\cos\theta, \sin\theta) d\theta = \int_{|z|=1} f\left(\frac{1}{2}\left(z + \frac{1}{z}\right), \frac{1}{2i}\left(z - \frac{1}{z}\right)\right) \cdot \frac{1}{iz} dz$$

分数式の無限積分 分数式の無限積分の値を複素積分を利用して簡単に求めることができる場合がある．

例題 2
$$\int_0^\infty \frac{1}{x^4+1}\,dx = \frac{\pi}{2\sqrt{2}}$$

解 図の単純閉曲線 $\mathrm{OA} + C_R^{(4)} + \mathrm{BO}$ に沿って関数 $\dfrac{1}{z^4+1}$ を一周積分する．

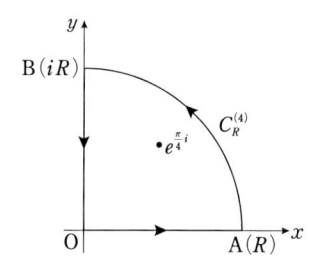

この閉曲線の内部にある $\dfrac{1}{z^4+1}$ の極は $z = e^{\frac{\pi}{4}i}$ のみであり，前節の例 5 より

$$\int_{\mathrm{OA}+C_R^{(4)}+\mathrm{BO}} \frac{1}{z^4+1}\,dz = 2\pi i \cdot \mathrm{Res}\left[\frac{1}{z^4+1}; z = e^{\frac{\pi}{4}i}\right] = \frac{\pi}{2\sqrt{2}}(1-i)$$

である．一方

$$\int_{\mathrm{OA}+C_R^{(4)}+\mathrm{BO}} \frac{1}{z^4+1}\,dz = \int_{\mathrm{OA}} \frac{1}{z^4+1}\,dz + \int_{C_R^{(4)}} \frac{1}{z^4+1}\,dz + \int_{\mathrm{BO}} \frac{1}{z^4+1}\,dz$$

であり，各項の積分は，まず $\mathrm{OA}: z = x,\ 0 \leqq x \leqq R$ より

$$\int_{\mathrm{OA}} \frac{1}{z^4+1}\,dz = \int_0^R \frac{1}{x^4+1}\,dx$$

であり，$C_R^{(4)}: z = Re^{it},\ 0 \leqq t \leqq \dfrac{\pi}{2}$ より

$$\int_{C_R^{(4)}} \frac{1}{z^4+1}\,dz = \int_0^{\frac{\pi}{2}} \frac{Rie^{it}}{R^4 e^{4it}+1}\,dt$$

であり，さらに $\mathrm{OB}: z = iy,\ 0 \leqq y \leqq R$ より

$$\int_{\mathrm{BO}} \frac{1}{z^4+1}\,dz = -\int_{\mathrm{OB}} \frac{1}{z^4+1}\,dz = -\int_0^R \frac{1}{(iy)^4+1}\,i\,dy$$

$$= -i\int_0^R \frac{1}{y^4+1}\,dy = -i\int_0^R \frac{1}{x^4+1}\,dx$$

であるから
$$(1-i)\int_0^R \frac{1}{x^4+1}\,dx + \int_0^{\frac{\pi}{2}} \frac{Rie^{it}}{R^4e^{4it}+1}\,dt = \frac{\pi}{2\sqrt{2}}(1-i)$$

すなわち
$$\int_0^R \frac{1}{x^4+1}\,dx = \frac{\pi}{2\sqrt{2}} - \frac{1}{1-i}\int_0^{\frac{\pi}{2}} \frac{Rie^{it}}{R^4e^{4it}+1}\,dt$$

が成り立つ．ここで
$$|Rie^{it}| = R, \quad |R^4e^{4it}+1| \geqq |R^4e^{4it}| - 1 = R^4 - 1$$

に注意して $R \to \infty$ とすると，27 ページで示した積分の評価 (5.2) を用いて
$$\left|\int_0^{\frac{\pi}{2}} \frac{Rie^{it}}{R^4e^{4it}+1}\,dt\right| \leqq \int_0^{\frac{\pi}{2}} \left|\frac{Rie^{it}}{R^4e^{4it}+1}\right|\,dt$$
$$\leqq \int_0^{\frac{\pi}{2}} \frac{R}{R^4-1}\,dt = \frac{\pi R}{2(R^4-1)} \to 0$$

となる．したがって
$$\int_0^\infty \frac{1}{x^4+1}\,dx = \frac{\pi}{2\sqrt{2}}$$

である．(解終)

一般に，実積分 $\int_0^\infty \frac{1}{x^n+1}\,dx$ $(n = 2, 3, 4, \cdots)$ の値は図のような積分路 $\mathrm{OA} + C_R^{(n)} + \mathrm{BO}$ を取り，複素積分 $\int_{\mathrm{OA}+C_R^{(n)}+\mathrm{BO}} \frac{1}{z^n+1}\,dz$ を計算することにより求めることができる．

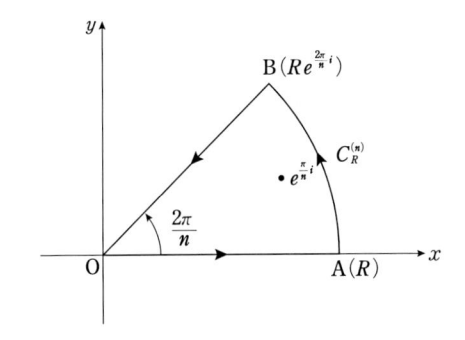

いくつかの不等式 例題 2 において $C_R^{(4)}$ 上の積分の評価を行ったが,このような評価は他でも必要になる.ここでは評価に使われる不等式について述べる.

多項式の評価

多項式 $P(z) = z^n + a_{n-1}z^{n-1} + \cdots + a_1 z + a_0$ において,$|z|$ が十分大きいとき
$$\frac{1}{2}|z|^n \leqq |P(z)| \leqq \frac{3}{2}|z|^n$$
が成り立つ.

証明 まず
$$\frac{P(z)}{z^n} = 1 + \frac{a_{n-1}}{z} + \frac{a_{n-2}}{z^2} + \cdots + \frac{a_0}{z^n}$$
である.ここで
$$z \to \infty \quad \text{のとき} \quad \frac{a_{n-1}}{z} + \frac{a_{n-2}}{z^2} + \cdots + \frac{a_0}{z^n} \to 0$$
であるから,$|z|$ が十分大きいならば
$$\left|\frac{a_{n-1}}{z} + \frac{a_{n-2}}{z^2} + \cdots + \frac{a_0}{z^n}\right| \leqq \frac{1}{2}$$
が成り立つ.三角不等式より
$$1 - \left|\frac{a_{n-1}}{z} + \frac{a_{n-2}}{z^2} + \cdots + \frac{a_0}{z^n}\right| \leqq \left|\frac{P(z)}{z^n}\right| \leqq 1 + \left|\frac{a_{n-1}}{z} + \frac{a_{n-2}}{z^2} + \cdots + \frac{a_0}{z^n}\right|$$
であり,$|z|$ が十分大きいならば
$$1 + \left|\frac{a_{n-1}}{z} + \frac{a_{n-2}}{z^2} + \cdots + \frac{a_0}{z^n}\right| \leqq 1 + \frac{1}{2} = \frac{3}{2}$$
$$1 - \left|\frac{a_{n-1}}{z} + \frac{a_{n-2}}{z^2} + \cdots + \frac{a_0}{z^n}\right| \geqq 1 - \frac{1}{2} = \frac{1}{2}$$
であるから,
$$\frac{1}{2} \leqq \left|\frac{P(z)}{z^n}\right| \leqq \frac{3}{2} \quad \text{したがって} \quad \frac{1}{2}|z|^n \leqq |P(z)| \leqq \frac{3}{2}|z|^n$$
が成り立つ.(証明終)

§8 実積分への応用 I

複素積分の評価

複素積分 $\int_C f(z)\,dz$ において, 積分路 C 上で $|f(z)| \leq M$ が成り立つとき, C の長さを L として
$$\left|\int_C f(z)\,dz\right| \leq ML$$
が成り立つ.

証明 $C : z = z(t) = x(t) + iy(t),\ \alpha \leq t \leq \beta$ とすると
$$\int_C f(z)\,dz = \int_\alpha^\beta f(z(t)) \cdot z'(t)\,dt$$
である. 27 ページで示した実変数複素数値関数の積分の評価 (5.2) と C 上で $|f(z)| \leq M$ であることを用いて
$$\left|\int_C f(z)\,dz\right| \leq \int_\alpha^\beta |f(z(t))| \cdot |z'(t)|\,dt \leq M \int_\alpha^\beta |z'(t)|\,dt$$
が成り立つことがわかる. ここで
$$|z'(t)| = |x'(t) + iy'(t)| = \sqrt{x'(t)^2 + y'(t)^2}$$
であるから
$$\int_\alpha^\beta |z'(t)|\,dt = \int_\alpha^\beta \sqrt{x'(t)^2 + y'(t)^2}\,dt$$
は C の長さ L を表している. したがって
$$\left|\int_C f(z)\,dz\right| \leq ML$$
である. (証明終)

これらの不等式を用いると例題 2 の積分 $\int_{C_R^{(4)}} \dfrac{1}{z^4+1}\,dz$ は R が十分大きいとき
$$\left|\int_{C_R^{(4)}} \frac{1}{z^4+1}\,dz\right| \leq \frac{1}{\frac{1}{2}R^4} \cdot \frac{2\pi R}{4} = \frac{\pi}{R^3}$$
と簡単に評価でき, $\int_{C_R^{(4)}} \dfrac{1}{z^4+1}\,dz \to 0\ (R \to \infty)$ であることが容易にわかる.

━━━━━━━━━━━━━━━ **演習問題** ━━━━━━━━━━━━━━━

問題 8.1 次の積分の値を求めよ．

(1) $\displaystyle\int_0^{2\pi} \frac{1}{5+3\sin\theta}\,d\theta$
(2) $\displaystyle\int_0^{2\pi} \frac{1}{\cos\theta+2\sin\theta-3}\,d\theta$
(3) $\displaystyle\int_0^{2\pi} \frac{\cos\theta}{5+4\cos\theta}\,d\theta$
(4) $\displaystyle\int_0^{2\pi} \frac{\sin\theta}{5+3\sin\theta}\,d\theta$

問題 8.2 次の積分の値を求めよ．

(1) $\displaystyle\int_0^{\infty} \frac{1}{x^3+1}\,dx$
(2) $\displaystyle\int_0^{\infty} \frac{1}{x^6+1}\,dx$
(3) $\displaystyle\int_0^{\infty} \frac{x^2}{x^4+1}\,dx$
(4) $\displaystyle\int_0^{\infty} \frac{x}{x^3+1}\,dx$

問題 8.3 $n=2,3,4,\cdots$ に対して，次が成り立つことを示せ．ただし，m は $0\leqq m\leqq n-2$ をみたす整数とする．

(1) $\displaystyle\int_0^{\infty} \frac{1}{x^n+1}\,dx = \frac{\pi}{n\sin\frac{\pi}{n}}$
(2) $\displaystyle\int_0^{\infty} \frac{x^m}{x^n+1}\,dx = \frac{\pi}{n\sin\frac{(m+1)\pi}{n}}$

(ヒント：留数は既に問題 7.5 で求めている．)

問題 8.4 図の積分路 $\mathrm{AB}+C_R$ に沿って一周積分し，$R\to\infty$ とすることにより，次の積分の値を求めよ．

(1) $\displaystyle\int_{-\infty}^{\infty} \frac{x^2}{x^4+5x^2+4}\,dx$
(2) $\displaystyle\int_{-\infty}^{\infty} \frac{x}{x^4+x^3+2x^2+x+1}\,dx$

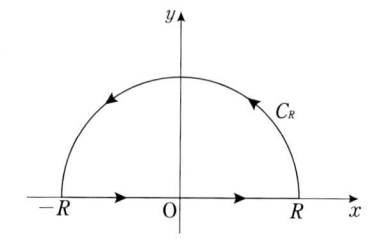

第 3 章
正 則 関 数

§9 正則関数

コーシー・リーマンの微分方程式 $f(x,y)$ は実数 x, y の関数とする．$f(x,y)$ の値は複素数の場合も考える．x, y による偏導関数を

$$f_x(x,y) = \frac{\partial}{\partial x}f(x,y) = \lim_{h \to 0} \frac{f(x+h, y) - f(x,y)}{h},$$

$$f_y(x,y) = \frac{\partial}{\partial y}f(x,y) = \lim_{k \to 0} \frac{f(x, y+k) - f(x,y)}{k}$$

と定義することは実数値関数の場合と同じである．

例 1. $f(x,y) = (7+3i)x + (2+\sqrt{2}i)y$ のとき

$$f_x(x,y) = \frac{\partial}{\partial x}\{(7+3i)x + (2+\sqrt{2}i)y\} = 7+3i,$$

$$f_y(x,y) = \frac{\partial}{\partial y}\{(7+3i)x + (2+\sqrt{2}i)y\} = 2+\sqrt{2}i$$

関数の和とスカラー倍に対する性質は 1 変数の微分と同様である．

$$\frac{\partial}{\partial x}(af + bg) = af_x + bg_x$$

ここで a, b は複素数の定数である．y による偏微分についても同様である．

積と商に関する性質も 1 変数の場合と変わらない．

$$\frac{\partial}{\partial x}(fg) = f_x g + f g_x, \quad \frac{\partial}{\partial x}\left(\frac{f}{g}\right) = \frac{f_x g - f g_x}{g^2}$$

y による偏微分についても同様である．

分数式の積分を扱うときには「一周積分 $= 0$」の形の諸公式 (定理 6.1, 6.2, 6.3 (1), 7.1) が大変役立った．分数式以外の関数でも一周積分が 0 になるための条件を調べよう．

複素数 $z = x + iy$ の関数 $f(z)$ を $f(x, y)$ とも書くことにする．最初は簡単のために，各辺が軸に平行な長方形で考えてみよう．C を 4 点 $a+ic, b+ic, b+id$, $a+id$ (ただし $a < b, c < d$) のなす長方形の周 (反時計回り) とする．

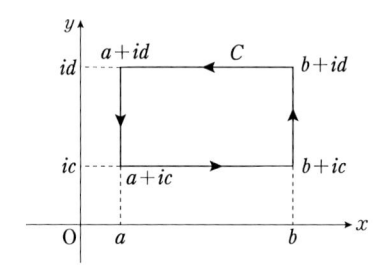

この C に沿って $f(z)$ を一周積分するとき，$\int_C f(z)dz = 0$ となるための関数 $f(z) = f(x, y)$ についての条件 (十分条件) を探そう．

$$\begin{aligned}
\int_C f(z)dz &= \int_a^b f(x,c)dx + i\int_c^d f(b,y)dy + \int_b^a f(x,d)dx + i\int_d^c f(a,y)dy \\
&= \int_a^b \{f(x,c) - f(x,d)\}dx + i\int_c^d \{f(b,y) - f(a,y)\}dy \\
&= \int_a^b \left\{\int_d^c f_y(x,y)dy\right\}dx + i\int_c^d \left\{\int_a^b f_x(x,y)dx\right\}dy \\
&= \int_a^b \left\{\int_c^d -f_y(x,y)dy\right\}dx + \int_c^d \left\{\int_a^b if_x(x,y)dx\right\}dy \\
&= \iint_R \{if_x(x,y) - f_y(x,y)\}dxdy
\end{aligned}$$

ここで，最後の積分は領域 $R = \{(x,y) \mid a \leqq x \leqq b, c \leqq y \leqq d\}$ における重積分である．これより，R で

(9.1) $$if_x(x,y) - f_y(x,y) = 0$$

ならば $\int_C f(z)\,dz = 0$ が成り立つ．

§9 正則関数

条件 (9.1) をより印象的な形にするために, (9.1) の左辺を $2i$ で割り,

$$\bar{D}f(x,y) = \frac{1}{2}\left\{\frac{\partial}{\partial x}f(x,y) - \frac{1}{i}\frac{\partial}{\partial y}f(x,y)\right\} = \frac{1}{2}\left\{\frac{\partial}{\partial x}f(x,y) + i\frac{\partial}{\partial y}f(x,y)\right\}$$

とおく. こうすると $\bar{D}z = 0$, $\bar{D}\bar{z} = 1$ が成り立つ. 実際,

$$\bar{D}z = \bar{D}(x+iy) = \frac{1}{2}\left\{\frac{\partial}{\partial x}(x+iy) + i\frac{\partial}{\partial y}(x+iy)\right\} = \frac{1}{2}(1 + i \cdot i) = 0,$$

$$\bar{D}\bar{z} = \bar{D}(x-iy) = \frac{1}{2}\left\{\frac{\partial}{\partial x}(x-iy) + i\frac{\partial}{\partial y}(x-iy)\right\} = \frac{1}{2}\{1 + i \cdot (-i)\} = 1$$

である. $\bar{D} = \frac{1}{2}\left(\frac{\partial}{\partial x} + i\frac{\partial}{\partial y}\right)$ を**コーシー・リーマンの偏微分作用素**と呼ぶ.

$\bar{D}$ を用いると, 条件 (9.1) は

(9.2) $$\bar{D}f(x,y) = 0$$

と書ける. これを**コーシー・リーマンの微分方程式**という.

関数 $f(z)$ を $f(z) = f(x,y) = u(x,y) + iv(x,y)$ ($u(x,y)$, $v(x,y)$ は実数値関数) と表すとき

$$\bar{D}f(x,y) = \frac{1}{2}\left\{\frac{\partial}{\partial x}\bigl(u(x,y) + iv(x,y)\bigr) + i\frac{\partial}{\partial y}\bigl(u(x,y) + iv(x,y)\bigr)\right\}$$
$$= \frac{1}{2}\bigl(u_x(x,y) - v_y(x,y)\bigr) + \frac{i}{2}\bigl(u_y(x,y) + v_x(x,y)\bigr)$$

であるから (9.2) は

$$u_x(x,y) = v_y(x,y), \quad u_y(x,y) = -v_x(x,y)$$

とも書ける. これも**コーシー・リーマンの微分方程式**という.

$z = x + iy$ の関数 $f(z) = f(x,y)$ がコーシー・リーマンの微分方程式 (9.2) をみたすとき $f(z)$ は z に関して**正則**であるという. 正則な関数を**正則関数**という.

正則の定義

偏微分作用素 $\bar{D} = \frac{1}{2}\left(\frac{\partial}{\partial x} + i\frac{\partial}{\partial y}\right)$ について $\bar{D}f(x,y) = 0$ が成り立つとき, 関数 $f(z) = f(x,y)$ は $z = x + iy$ に関して**正則**であるという.

例 2. 定数関数 $f(z) = c$ (c は定数) は正則である.

例 3. $\bar{D}z = 0, \bar{D}\bar{z} = 1 \neq 0$ であるから, 関数 $f(z) = z$ は正則であり, 関数 $g(z) = \bar{z}$ は正則でない.

例 4. $\bar{D}(x^2 + y^2) = \dfrac{1}{2}(2x + 2iy) = x + iy \neq 0$ より, 関数 $f(z) = |z|^2 = z\bar{z} = x^2 + y^2$ は正則でない.

例 5. 関数 $f(z) = e^z = e^x(\cos y + i \sin y)$ は正則である. 実際

$$\begin{aligned}
2\bar{D}e^z &= \Big(\frac{\partial}{\partial x} + i\frac{\partial}{\partial y}\Big)(e^x \cos y + ie^x \sin y) \\
&= \frac{\partial}{\partial x}(e^x \cos y + ie^x \sin y) + i\frac{\partial}{\partial y}(e^x \cos y + ie^x \sin y) \\
&= e^x \cos y + ie^x \sin y + i(-e^x \sin y + ie^x \cos y) = 0
\end{aligned}$$

である.

正則関数の性質や初等関数の正則性を調べるために必要な $\bar{D}$ の性質を述べておく.

$\bar{D}$ の性質

関数 $f(x,y), g(x,y)$ と定数 a, b について, 次が成り立つ.

$$\bar{D}(af + bg) = a\bar{D}f + b\bar{D}g,$$
$$\bar{D}(fg) = (\bar{D}f) \cdot g + f \cdot \bar{D}g,$$
$$\bar{D}\Big(\frac{f}{g}\Big) = \frac{(\bar{D}f) \cdot g - f \cdot \bar{D}g}{g^2} \quad (g \neq 0)$$

証明 偏微分でも積の微分法が 1 変数の場合と同様に成り立つので

$$\begin{aligned}
\bar{D}(fg) &= \frac{1}{2}(fg)_x + \frac{i}{2}(fg)_y = \frac{1}{2}(f_x g + fg_x) + \frac{i}{2}(f_y g + fg_y) \\
&= \frac{1}{2}(f_x + if_y)g + f \cdot \frac{1}{2}(g_x + ig_y) = (\bar{D}f) \cdot g + f \cdot \bar{D}g
\end{aligned}$$

となり第 2 式が成り立つ. 他の式も同様に示すことができる. (証明終)

§9 正則関数

正則関数の性質と初等関数の正則性　正則関数の和・定数倍・積・商について，次が成り立つ．

定理 9.1 (正則関数の性質)　関数 $f(z), g(z)$ が正則であるとき

(1) a, b を定数とすると $af(z) + bg(z)$ は正則である．

(2) $f(z)g(z)$ は正則である．

(3) $g(z) \neq 0$ となるところで $\dfrac{f(z)}{g(z)}$ は正則である．

証明　仮定より $\bar{D}f = \bar{D}g = 0$ である．
先に示した $\bar{D}$ の性質によって $\bar{D}(af + bg) = a\bar{D}f + b\bar{D}g = 0$ である．
同様に $\bar{D}(fg) = (\bar{D}f) \cdot g + f \cdot \bar{D}g = 0 \cdot g + f \cdot 0 = 0$ である．
また $\bar{D}\left(\dfrac{f}{g}\right) = \dfrac{(\bar{D}f) \cdot g - f \cdot \bar{D}g}{g^2} = \dfrac{0 \cdot g - f \cdot 0}{g^2} = 0$ である．(証明終)

これらの性質を用いると**任意の多項式は正則である**ことが分かる．実際，定理 9.1 (2) で
$$f(z) = z, \quad g(z) = z$$
とすると z^2 は正則である．次に，定理 9.1 (2) で
$$f(z) = z^2, \quad g(z) = z$$
とすると z^3 も正則である．これを繰り返せば，n が 1 以上の整数のとき z^n が正則であることが分かる．定数関数は正則 (例 2) であったから定理 9.1 (1) より任意の多項式は正則である．

さらに定理 9.1 (3) より**任意の分数式は極を除いたところで正則である**ことが分かる．

例 6.　$\dfrac{2z + 9}{(z-1)(z-3)^2}$ は $z = 1, 3$ を除いたところで正則である．

例 7.　$\dfrac{5z^3 + 9}{z^2 + 6z + 25}$ は $z = -3 \pm 4i$ を除いたところで正則である．

例 8.　$\dfrac{e^z}{z^2 - 1}$ は $z = \pm 1$ を除いたところで正則である．$f(z) = e^z, g(z) = z^2 - 1$ として定理 9.1 (3) を用いれば分かる．

正則関数の合成については，次が成り立つ．

> **定理 9.2 (正則関数の合成)** $f(z) = f(x,y)$, $g(w) = g(u,v)$ がそれぞれ $z = x+iy$, $w = u+iv$ の正則関数で合成関数 $g(f(z))$ が定義されるならば，$g(f(z))$ は z の正則関数である．

証明 $f(z) = f(x,y) = u(x,y) + iv(x,y)$ とすると
$$g(f(z)) = g(u(x,y) + iv(x,y)) = g(u(x,y), v(x,y))$$
であり，合成関数の偏微分法より
$$\frac{\partial}{\partial x}g(f(z)) = g_u(u(x,y), v(x,y))u_x(x,y) + g_v(u(x,y), v(x,y))v_x(x,y)$$
$$= g_u u_x + g_v v_x$$
が成り立つ．y に関する偏微分についても同様であり，
$$\bar{D}\{g(f(z))\} = \frac{1}{2}\left(\frac{\partial}{\partial x} + i\frac{\partial}{\partial y}\right)g(f(z)) = \frac{1}{2}\bigl(g_u u_x + g_v v_x + i(g_u u_y + g_v v_y)\bigr)$$
となる．ここで $g(w)$ が $w = u+iv$ について正則であるから
$$\frac{1}{2}\left(\frac{\partial}{\partial u} + i\frac{\partial}{\partial v}\right)g = \frac{1}{2}(g_u + ig_v) = 0 \quad \text{より} \quad g_v = -\frac{1}{i}g_u = ig_u$$
が成り立ち，
$$\bar{D}\{g(f(z))\} = \frac{1}{2}\bigl(g_u u_x + ig_u v_x + i(g_u u_y + ig_u v_y)\bigr)$$
$$= \frac{g_u}{2}\bigl(u_x + iv_x + i(u_y + iv_y)\bigr) = \frac{g_u}{2}\bigl(f_x + if_y\bigr) = g_u \bar{D}f(z)$$
となる．さらに $f(z)$ が正則であるから $\bar{D}f(z) = 0$ であり，$\bar{D}\{g(f(z))\} = 0$ となる．したがって $g(f(z))$ は z について正則である．(証明終)

例 9. e^{5z^2+8iz} は $f(z) = 5z^2 + 8iz$ と $g(w) = e^w$ の合成だから正則である．

例 10. e^{iz}, e^{-iz} はそれぞれ $f(z) = iz, -iz$ と $g(w) = e^w$ の合成だから正則である．定理 9.1 (1) より $\cos z = \frac{1}{2}(e^{iz} + e^{-iz})$, $\sin z = \frac{1}{2i}(e^{iz} - e^{-iz})$ も正則である．

例 11. $\cos \frac{1}{z}$ は $f(z) = \frac{1}{z}$ と $g(w) = \cos w$ の合成だから $z \neq 0$ で正則である．

§9 正則関数

▆▆▆▆▆▆▆▆▆▆▆▆▆ 演習問題 ▆▆▆▆▆▆▆▆▆▆▆▆▆

問題 9.1 $f(x,y) = x^2 - y^2 + axyi$ と $g(x,y) = x(x^2 - 3y^2) + y(bx^2 - y^2)i$ が $z = x + iy$ の正則関数となるような定数 a, b の値を求めよ．また，そのとき f, g を z を用いて表せ．

問題 9.2 $h(x,y) = \dfrac{ax + byi}{x^2 + y^2}$ が $z = x + iy \neq 0$ の正則関数となるための定数 a, b に関する条件を求めよ．また，そのとき h を z を用いて表せ．

問題 9.3 次の問いに答えよ．

（1） n が 0 以上の整数のとき $\bar{D}\bar{z}^n$ を求めよ．

（2） $z^m \bar{z}^n$ が正則となるための，0 以上の整数 m, n に関する条件を求めよ．

問題 9.4 $2 + \dfrac{\pi i}{6}, 5 + \dfrac{\pi i}{6}, 5 + \dfrac{2\pi i}{3}, 2 + \dfrac{2\pi i}{3}$ を順につなぐ折れ線を C とする．このとき $\displaystyle\int_C e^z \, dz$ を求めよ．（ヒント: 線分を一本補えば長方形になって一周積分は 0 である．）

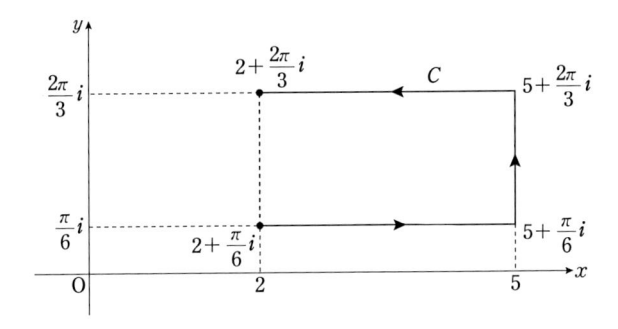

§10 コーシーの定理

コーシーの定理と積分公式 定理 7.1 を一般化しよう.

定理 10.1 (コーシーの定理) 関数 $f(z)$ は領域 D で正則であるとする. 単純閉曲線 C とその内部がすべて D に含まれているとき
$$\int_C f(z)\,dz = 0$$
が成り立つ.

証明 まず, 直角をなす 2 つの辺がそれぞれ実軸, 虚軸に平行な直角三角形に沿って一周積分すると 0 となることを, 長方形の場合と同様の方法により示すことができる.

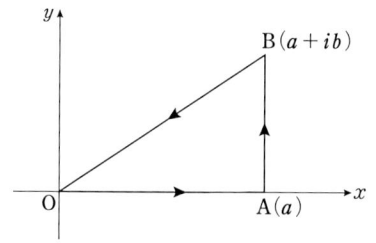

たとえば, 三角形 $\mathrm{O}(0)\mathrm{A}(a)\mathrm{B}(a+ib)$ (ただし, $a > 0, b > 0$) に対しては
$$\int_{\mathrm{OA}} f(z)\,dz = \int_0^a f(x,0)\,dx, \quad \int_{\mathrm{AB}} f(z)\,dz = i\int_0^b f(a,y)\,dy$$
であり, $\mathrm{OB}: z = at + ibt,\ 0 \leqq t \leqq 1$ より
$$\int_{\mathrm{BO}} f(z)\,dz = -\int_{\mathrm{OB}} f(z)\,dz = -\int_0^1 f(at,bt)(a+ib)\,dt$$
$$= -a\int_0^1 f(at,bt)\,dt - ib\int_0^1 f(at,bt)\,dt$$
$$= -\int_0^a f(x, \frac{b}{a}x)\,dx - i\int_0^b f(\frac{a}{b}y, y)\,dy$$
であるから
$$\int_{\mathrm{OA+AB+BO}} f(z)\,dz = \int_0^a \{f(x,0) - f(x, \frac{b}{a}x)\}\,dx + i\int_0^b \{f(a,y) - f(\frac{a}{b}y, y)\}\,dy$$
$$= -\int_0^a \left\{\int_0^{\frac{b}{a}x} f_y(x,y)\,dy\right\}dx + i\int_0^b \left\{\int_{\frac{a}{b}y}^a f_x(x,y)\,dx\right\}dy$$

§10 コーシーの定理

となる. ここで集合 $\{(x,y) \mid 0 \le x \le a, \ 0 \le y \le \dfrac{b}{a}x\}$ と集合 $\{(x,y) \mid 0 \le y \le b, \ \dfrac{a}{b}y \le x \le a\}$ は同じであり, これを T で表すと

$$\int_{\mathrm{OA+AB+BO}} f(z)\,dz = \iint_T \{i f_x(x,y) - f_y(x,y)\}\,dxdy$$

が成り立つ. $f(z)$ が正則ならば $if_x(x,y) - f_y(x,y) = 2i\bar{D}f(x,y) = 0$ であり,

$$\int_{\mathrm{OA+AB+BO}} f(z)\,dz = 0$$

である.

次に, 任意の三角形 ABC に対しては (必要ならば 2 つに分け, それぞれに) 外接する図のような長方形 A′B′C′D′ をとり, 先に示した直角三角形に対する結果を適用すると

$$\int_{\mathrm{BC}} f(z)\,dz = \int_{\mathrm{BB'+B'C'}} f(z)\,dz$$

等が成り立ち,

$$\int_{\text{三角形 ABC}} f(z)\,dz = \int_{\text{長方形 A′B′C′D′}} f(z)\,dz = 0$$

である.

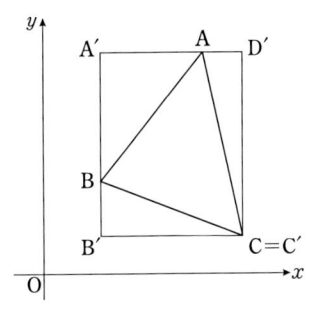

次に, 任意の多角形に対しては図のように三角形に分割すると, 2 つの三角形が共有する辺についての積分は打ち消しあうから, 多角形を一周する積分は三角形を一周する積分の総和に等しく 0 である.

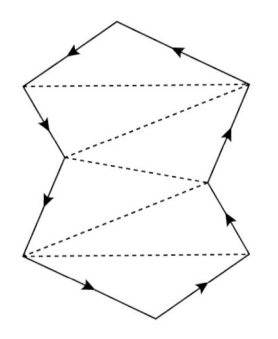

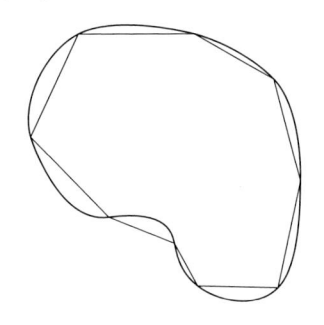

最後に, 単純閉曲線 C に対しては折れ線に沿った一周積分でいくらでも精密に近似できる. 折れ線に沿った一周積分は多角形に沿った一周積分であり, その値は 0 であるから, C に沿った一周積分も 0 である. (証明終)

定理 10.2 (コーシーの積分公式) 関数 $f(z)$ は領域 D で正則であるとする．単純閉曲線 C とその内部がすべて D に含まれているとき，C の内部にある任意の点 a について

$$\int_C \frac{f(z)}{z-a}\,dz = 2\pi i f(a)$$

が成り立つ．

証明 両辺の差をとり

$$I = \int_C \frac{f(z)}{z-a}\,dz - 2\pi i f(a)$$

とおく．$I = 0$ を示すのが目標である．

a を中心とする半径 $r\ (>0)$ の円を C_r とする．r を十分小さく取れば C_r は C の内部にある．積分路の変形により

$$\int_C \frac{f(z)}{z-a}\,dz = \int_{C_r} \frac{f(z)}{z-a}\,dz$$

が成り立つことと $2\pi i = \int_{C_r} \frac{1}{z-a}\,dz$ とから

$$I = \int_{C_r} \frac{f(z)}{z-a}\,dz - \int_{C_r} \frac{f(a)}{z-a}\,dz = \int_{C_r} \frac{f(z)-f(a)}{z-a}\,dz$$

である．

さて，C_r 上での $|f(z)-f(a)|$ の最大値を M_r とおく．C_r 上では $|z-a|=r$ であるから

$$\left|\frac{f(z)-f(a)}{z-a}\right| = \frac{|f(z)-f(a)|}{r} \leq \frac{M_r}{r}$$

が成り立ち，51 ページで述べた複素積分の評価より

$$0 \leq |I| \leq \frac{M_r}{r} \cdot 2\pi r = 2\pi M_r$$

が十分小さな任意の r に対して成り立つ．ここで $r \to 0$ とすると $z \to a$ であり，$f(z) \to f(a)$ となるから

$$2\pi M_r \to 0$$

である．したがって，定数 I の値は 0 でなければならない．(証明終)

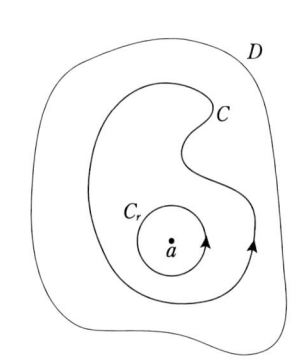

§10 コーシーの定理

例 1. 関数 $e^z, \cos z, \sin z$ は複素数平面全体で正則であるから,コーシーの定理より任意の単純閉曲線 C について

$$\int_C e^z\,dz = 0, \quad \int_C \cos z\,dz = 0, \quad \int_C \sin z\,dz = 0$$

である.

例 2. $C_1 : |z-2i|=1,\ C_2 : |z-3|=2,\ C_3 : |z|=1$ とするとき,一周積分

$$I_j = \int_{C_j} \frac{e^{z+3}}{z(z-2)}\,dz,\ j=1,2,3$$

の値を求めよう.まず,関数 $\dfrac{e^{z+3}}{z(z-2)}$ は複素数平面全体から 2 点 $z=0, z=2$ を除いた領域 D で正則であることに注意する.

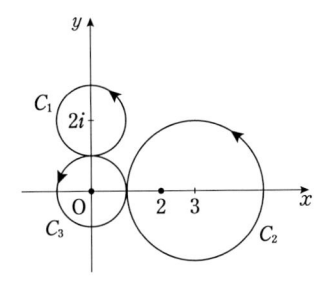

I_1 については,C_1 とその内部がすべて D に含まれるからコーシーの定理より $I_1 = 0$ である.

I_2 については,C_2 の内部に D に含まれない点 $z=2$ が存在するのでコーシーの定理には当てはまらない.$f(z) = \dfrac{e^{z+3}}{z}$ とおくと,$f(z)$ は複素数平面全体から 1 点 $z=0$ を除いた領域 D' で正則であり,C_2 とその内部はすべて D' に含まれる.この $f(z)$ に $a=2$ としてコーシーの積分公式を適用すると

$$I_2 = \int_{C_2} \frac{f(z)}{z-2}\,dz = 2\pi i f(2) = 2\pi i \left[\frac{e^{z+3}}{z}\right]_{z=2} = \pi e^5 i$$

である.

I_3 については,$f(z) = \dfrac{e^{z+3}}{z-2}, a=0$ としてコーシーの積分公式を適用すると

$$I_3 = \int_{C_3} \frac{f(z)}{z}\,dz = 2\pi i f(0) = 2\pi i \left[\frac{e^{z+3}}{z-2}\right]_{z=0} = -\pi e^3 i$$

である.

例 3. $J = \displaystyle\int_{|z|=1} \frac{\sin \pi z}{3z-2}\,dz$ の値を求めよう.コーシーの積分公式を $f(z) = \dfrac{\sin \pi z}{3}, a = \dfrac{2}{3}$ として適用すると

$$J = \int_{|z|=1} \frac{f(z)}{z-\dfrac{2}{3}}\,dz = 2\pi i \left[\frac{\sin \pi z}{3}\right]_{z=\frac{2}{3}} = \frac{\pi\sqrt{3}}{3}i$$

となる.

代数学の基本定理 コーシーの積分公式を用いて代数学の基本定理を示そう．

> **定理 10.3 (代数学の基本定理)** 任意の n 次方程式 $(n \geq 1)$ は必ず複素数の解を持つ．

証明 一般に n 次方程式を考えるとき z^n の係数は 1 としてよい．そこで

$$P(z) = z^n + a_{n-1}z^{n-1} + a_{n-2}z^{n-2} + \cdots + a_1 z + a_0$$

として，方程式

$$P(z) = 0$$

を考える．ここで $a_0, \ldots, a_{n-1}$ は複素数の定数である．

背理法で定理を示そう．もし解がないとすると任意の z について $P(z) \neq 0$ である．よって $f(z) = \dfrac{1}{P(z)}$ とおくと $f(z)$ は複素数平面全体で正則である．

任意に複素数 a を固定し，$|a| < R$ となる R をとる．コーシーの積分公式より

$$2\pi i f(a) = \int_{|z|=R} \frac{f(z)}{z-a} dz \quad \text{すなわち} \quad \frac{1}{P(a)} = \frac{1}{2\pi i} \int_{|z|=R} \frac{1}{(z-a)P(z)} dz$$

である．R が十分大きければ，§8 で述べた多項式の評価より $|z| = R$ 上で

$$|(z-a)P(z)| \geq \frac{R^{n+1}}{2} > 0 \quad \text{したがって} \quad \left|\frac{1}{(z-a)P(z)}\right| \leq \frac{2}{R^{n+1}}$$

であり，

$$\left|\frac{1}{P(a)}\right| = \left|\frac{1}{2\pi i} \int_{|z|=R} \frac{1}{(z-a)P(z)} dz\right| \leq \frac{1}{2\pi} \cdot \frac{2}{R^{n+1}} \cdot 2\pi R = \frac{2}{R^n}$$

となる．ここで $R \to \infty$ とすれば $\dfrac{1}{P(a)} = 0$ となって矛盾する．(証明終)

$P(z)$ が n 次式のとき $P(z) = 0$ の解が少なくとも一つはあることが分かったのでそれを α_1 とする．$P(\alpha_1) = 0$ である．因数定理より $P(z) = (z-\alpha_1)Q_1(z)$ となる $n-1$ 次式 $Q_1(z)$ がある．この $Q_1(z)$ に同じ論法を適用して，$Q_1(z) = (z-\alpha_2)Q_2(z)$ となる複素数 α_2 と $n-2$ 次式 $Q_2(z)$ がある．よって $P(z) = (z-\alpha_1)(z-\alpha_2)Q_2(z)$ となる．これを繰り返せば次の定理が示される．

> **定理 10.4** 任意の n 次式 $(n \geq 1)$ は n 個の 1 次式の積に因数分解される．

§10 コーシーの定理

|||||||||||||||||||||||||||||||| **演習問題** ||||||||||||||||||||||||||||||||

問題 10.1 次の積分の値を求めよ．

(1) $\displaystyle\int_{|z+1|=2} \frac{e^{z^2}}{(z-2)(z-8)^2} dz$ 　　(2) $\displaystyle\int_{|z-1|=3} \frac{e^{z^2}}{(z-2)(z-8)^2} dz$

(3) $\displaystyle\int_{|z|=1} \frac{\cos \pi z^2}{5z-4} dz$ 　　(4) $\displaystyle\int_{|z+1|=2} \frac{e^{\pi i z}}{2z^2-5z+2} dz$

(5) $\displaystyle\int_{|z-1|=1} \frac{\sin \dfrac{\pi z}{2}}{z^3-1} dz$ 　　(6) $\displaystyle\int_{|z+i|=1} \frac{e^{\pi z}}{z^2+1} dz$

問題 10.2 $C: z = 2e^{it},\ -\dfrac{2\pi}{3} \leqq t \leqq \dfrac{2\pi}{3}$ に沿う e^{iz} の積分を求めよ．（積分路を変形すると易しくなる．）

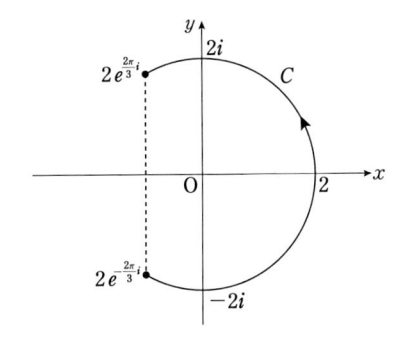

§11　実積分への応用 II

例題 1　　$a > 0, b > 0$ のとき $\displaystyle\int_{-\infty}^{\infty} \frac{\cos ax}{x^2 + b^2}\, dx = \frac{\pi}{b} e^{-ab}$

解　$F(z) = \dfrac{e^{iaz}}{z^2 + b^2}$ とおく．z が実数のとき $z = x$ とおくと
$$\operatorname{Re} F(x) = \frac{\cos ax}{x^2 + b^2}$$
である．原点を中心とし，半径が $R\ (> b)$ の上半円 C_R と実軸上の 2 点 $A(-R)$, $B(R)$ を結ぶ線分 AB を合わせて出来る単純閉曲線 $C = \mathrm{AB} + C_R$ に沿って $F(z)$ を一周積分する．

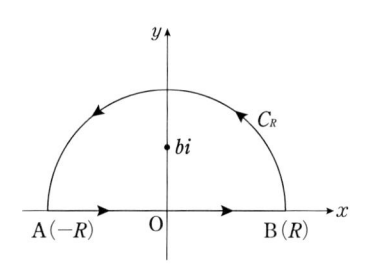

$F(z)$ の分母は $z^2 + b^2 = (z+bi)(z-bi)$ と因数分解でき，$z = bi$ が C の内部にあるので
$$f(z) = \frac{e^{iaz}}{z + bi}$$
とおくと，コーシーの積分公式から
$$\int_{-R}^{R} F(x)\, dx + \int_{C_R} F(z)\, dz = \int_C \frac{f(z)}{z - bi}\, dz = 2\pi i f(bi) = 2\pi i \frac{e^{-ab}}{2bi} = \frac{\pi}{b} e^{-ab}$$
である．

この式において $R \to \infty$ とする．C_R 上では $y \geqq 0$ であるから
$$|e^{iaz}| = |e^{iax - ay}| = e^{-ay} \leqq 1$$
であり，さらに §8 で述べた多項式の評価より $|z^2 + b^2| \geqq \dfrac{R^2}{2} > 0$ であるから
$$\left| \frac{e^{iaz}}{z^2 + b^2} \right| \leqq \frac{1}{|z^2 + b^2|} \leqq \frac{2}{R^2}$$
である．したがって
$$\left| \int_{C_R} F(z)\, dz \right| \leqq \frac{2}{R^2} \cdot \pi R = \frac{2\pi}{R} \to 0 \quad (R \to \infty)$$
が成り立ち，
$$\int_{-\infty}^{\infty} F(x)\, dx = \int_{-\infty}^{\infty} \frac{\cos ax + i \sin ax}{x^2 + b^2}\, dx = \frac{\pi}{b} e^{-ab}$$
を得る．あとはこの式の両辺の実部を取ればよい．(解終)

§11 実積分への応用 II

> **例題 2**　　$a > 0$ のとき $\int_{-\infty}^{\infty} e^{-x^2} \cos 2ax\, dx = \sqrt{\pi}\, e^{-a^2}$

解 $R > 0$ とする．$-R$ から R まで，R から $R+ia$ まで，$R+ia$ から $-R+ia$ まで，$-R+ia$ から $-R$ までの線分をそれぞれ L_1, L_2, L_3, L_4 とする．

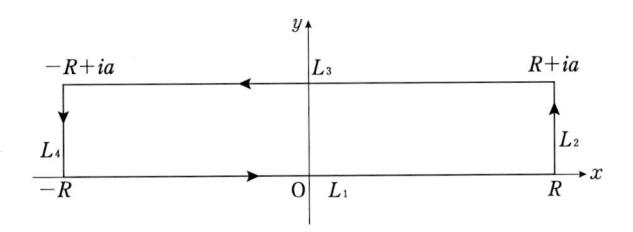

単純閉曲線 $C = L_1 + L_2 + L_3 + L_4$ を考えると，コーシーの定理より

$$\int_C e^{-z^2}\, dz = 0 \quad \text{つまり} \quad \int_{L_1} e^{-z^2}\, dz + \int_{L_2} e^{-z^2}\, dz + \int_{L_3} e^{-z^2}\, dz + \int_{L_4} e^{-z^2}\, dz = 0$$

である．$I_j = \int_{L_j} e^{-z^2}\, dz$ とおく．L_j をパラメータ表示して I_j を計算すると

$$I_1 = \int_{-R}^{R} e^{-x^2}\, dx, \qquad I_2 = ie^{-R^2} \int_0^a e^{y^2} e^{-2Ryi}\, dy,$$

$$I_3 = -e^{a^2} \int_{-R}^{R} e^{-x^2} e^{-2axi}\, dx, \qquad I_4 = -ie^{-R^2} \int_0^a e^{y^2} e^{2Ryi}\, dy$$

である．このうち I_2 と I_4 は

$$|I_2|, |I_4| \leq e^{-R^2} \int_0^a |e^{y^2} e^{\mp 2Ryi}|\, dy = e^{-R^2} \int_0^a e^{y^2}\, dy$$

と評価され，$R \to \infty$ のとき $|I_2|, |I_4| \to 0$ である．I_1 については

$$\lim_{R \to \infty} I_1 = \int_{-\infty}^{\infty} e^{-x^2}\, dx = \sqrt{\pi}$$

であることが知られている (例えば「明解微分積分」180 ページ参照)．したがって

$$\sqrt{\pi} - e^{a^2} \int_{-\infty}^{\infty} e^{-x^2} e^{-2axi}\, dx = 0 \quad \text{つまり} \quad \int_{-\infty}^{\infty} e^{-x^2} e^{-2axi}\, dx = \sqrt{\pi}\, e^{-a^2}$$

が成り立つ．あとは実部に注目すればよい．(解終)

> **例題 3**
> $$\int_0^\infty \frac{\sin x}{x}\,dx = \frac{\pi}{2}$$

解 2つの半円 $C_R, -C_\epsilon$ と2つの線分 $\mathrm{A}(\epsilon)\mathrm{B}(R)$, $\mathrm{B}'(-R)\mathrm{A}'(-\epsilon)$ からなる図のような単純閉曲線 $C = \mathrm{B}'\mathrm{A}' + (-C_\epsilon) + \mathrm{AB} + C_R$ を考える．ここで $\rho = R, \epsilon$ に対して $C_\rho : z = \rho e^{i\theta}, 0 \leqq \theta \leqq \pi$ であり，$-C_\epsilon$ は C_ϵ と逆向きの半円を表す．

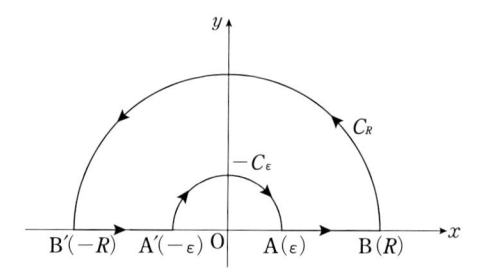

C に沿って関数 $\dfrac{e^{iz}}{z}$ を一周積分する．$\dfrac{e^{iz}}{z}$ は $z = 0$ 以外で正則であるからコーシーの定理より

$$\int_C \frac{e^{iz}}{z}\,dz = 0 \quad \text{つまり} \quad \int_{-R}^{-\epsilon} \frac{e^{ix}}{x}\,dx - \int_{C_\epsilon} \frac{e^{iz}}{z}\,dz + \int_\epsilon^R \frac{e^{ix}}{x}\,dx + \int_{C_R} \frac{e^{iz}}{z}\,dz = 0$$

である．ここで $\int_{-R}^{-\epsilon} \dfrac{e^{ix}}{x}\,dx$ において $x = -u$ とおくと

$$\int_{-R}^{-\epsilon} \frac{e^{ix}}{x}\,dx = \int_R^\epsilon \frac{e^{-iu}}{-u}\,(-du) = -\int_\epsilon^R \frac{e^{-iu}}{u}\,du = -\int_\epsilon^R \frac{e^{-ix}}{x}\,dx$$

であるから

$$\int_{-R}^{-\epsilon} \frac{e^{ix}}{x}\,dx + \int_\epsilon^R \frac{e^{ix}}{x}\,dx = \int_\epsilon^R \frac{e^{ix} - e^{-ix}}{x}\,dx = 2i \int_\epsilon^R \frac{\sin x}{x}\,dx$$

であり

(11.1)
$$2i \int_\epsilon^R \frac{\sin x}{x}\,dx = \int_{C_\epsilon} \frac{e^{iz}}{z}\,dz - \int_{C_R} \frac{e^{iz}}{z}\,dz$$

が成り立つ．

(11.1) 式の右辺第1項は $\epsilon \to 0$ のとき πi に収束する．実際，

$$\int_{C_\epsilon} \frac{1}{z}\,dz = \int_0^\pi \frac{1}{\epsilon e^{i\theta}} \cdot i\epsilon e^{i\theta}\,d\theta = \int_0^\pi i\,d\theta = \pi i$$

§11 実積分への応用 II

より
$$\int_{C_\epsilon} \frac{e^{iz}}{z} dz = \int_{C_\epsilon} \frac{1}{z} dz + \int_{C_\epsilon} \frac{e^{iz}-1}{z} dz = \pi i + \int_{C_\epsilon} \frac{e^{iz}-1}{z} dz$$
が成り立ち，C_ϵ 上での $|e^{iz}-1|$ の最大値を M_ϵ とおくと，C_ϵ 上では $|z| = \epsilon$ であり，$\left|\dfrac{e^{iz}-1}{z}\right| = \dfrac{|e^{iz}-1|}{\epsilon} \leqq \dfrac{M_\epsilon}{\epsilon}$ であるから，最後の項は
$$\left|\int_{C_\epsilon} \frac{e^{iz}-1}{z} dz\right| \leqq \frac{M_\epsilon}{\epsilon} \cdot \pi\epsilon = \pi M_\epsilon$$
と評価される．ここで，$\epsilon = |z| \to 0$ とすると $e^{iz} \to 1$ であり，$M_\epsilon \to 0$ であるから，$\displaystyle\lim_{\epsilon \to 0} \int_{C_\epsilon} \frac{e^{iz}}{z} dz = \pi i$ を得る．

(11.1) 式の右辺第2項は $R \to \infty$ のとき 0 に収束するが，このことを示すのに例題1と同様の評価 $|e^{iz}| \leqq 1$ をしたのでは大雑把すぎてうまくいかない．より精密に評価する必要がある．まず，$C_R: z = Re^{i\theta} = R(\cos\theta + i\sin\theta), 0 \leqq \theta \leqq \pi$ であるから
$$\int_{C_R} \frac{e^{iz}}{z} dz = \int_0^\pi \frac{e^{iR(\cos\theta+i\sin\theta)}}{Re^{i\theta}} \cdot iRe^{i\theta} d\theta = i\int_0^\pi e^{-R\sin\theta+iR\cos\theta} d\theta$$
であり
$$\left|\int_{C_R} \frac{e^{iz}}{z} dz\right| \leqq \int_0^\pi |e^{-R\sin\theta+iR\cos\theta}| d\theta = \int_0^\pi e^{-R\sin\theta} d\theta$$
が成り立つ．グラフからわかるように
$$\int_0^\pi e^{-R\sin\theta} d\theta = 2\int_0^{\frac{\pi}{2}} e^{-R\sin\theta} d\theta$$
であり，さらに
$$0 \leqq \theta \leqq \frac{\pi}{2} \text{ のとき } \sin\theta \geqq \frac{2}{\pi}\theta$$
であるから，
$$\left|\int_{C_R} \frac{e^{iz}}{z} dz\right| \leqq 2\int_0^{\frac{\pi}{2}} e^{-R\sin\theta} d\theta \leqq 2\int_0^{\frac{\pi}{2}} e^{-\frac{2R}{\pi}\theta} d\theta = \frac{\pi}{R}(1-e^{-R}) \leqq \frac{\pi}{R}$$
と評価され，$\displaystyle\lim_{R \to \infty} \int_{C_R} \frac{e^{iz}}{z} dz = 0$ を得る．

以上により
$$\int_0^\infty \frac{\sin x}{x} dx = \lim_{\substack{R \to \infty \\ \epsilon \to 0}} \int_\epsilon^R \frac{\sin x}{x} dx = \frac{1}{2i} \lim_{\substack{R \to \infty \\ \epsilon \to 0}} \left(\int_{C_\epsilon} \frac{e^{iz}}{z} dz - \int_{C_R} \frac{e^{iz}}{z} dz\right) = \frac{\pi}{2}$$
である．(解終)

微分と積分の順序交換　複素解析から少し外れるが, 微分と積分の順序交換について説明する.

関数 $f(x,y)$ に対して $\int_{-\infty}^{\infty} f(x,y)\,dx$ は y の関数であり, $\dfrac{d}{dy}\int_{-\infty}^{\infty} f(x,y)\,dx$ が考えられる. また, 微分と積分の順序を逆にしたもの, すなわち $\int_{-\infty}^{\infty} \dfrac{\partial}{\partial y} f(x,y)\,dx$ も考えられる. これらについて次が成り立つ.

定理　$m < y < M$ である任意の y に対して積分 $\int_{-\infty}^{\infty} f(x,y)\,dx$ が存在し, さらに
$$\left|\frac{\partial}{\partial y} f(x,y)\right| \leq g(x) \quad \text{かつ} \quad \int_{-\infty}^{\infty} g(x)\,dx < \infty$$
をみたす x の関数 $g(x)$ が存在するとき, 区間 $m < y < M$ において
$$\frac{d}{dy}\int_{-\infty}^{\infty} f(x,y)\,dx = \int_{-\infty}^{\infty} \frac{\partial}{\partial y} f(x,y)\,dx$$
が成り立つ.

例　例題 1 で求めた等式 $\int_{-\infty}^{\infty} \dfrac{\cos ax}{x^2 + b^2}\,dx = \dfrac{\pi}{b} e^{-ab}$ を b で微分する. 任意の m, M $(0 < m < M)$ に対して, $m < b < M$ ならば
$$\left|\frac{\partial}{\partial b}\left(\frac{\cos ax}{x^2 + b^2}\right)\right| = \left|-\frac{2b\cos ax}{(x^2+b^2)^2}\right| \leq \frac{2b}{(x^2+b^2)^2} \leq \frac{2M}{(x^2+m^2)^2}$$
かつ $\int_{-\infty}^{\infty} \dfrac{2M}{(x^2+m^2)^2}\,dx < \infty$ であるから, 区間 $m < b < M$ で微分と積分の順序交換が許され
$$\int_{-\infty}^{\infty} \frac{\partial}{\partial b}\left(\frac{\cos ax}{x^2 + b^2}\right) dx = \frac{\partial}{\partial b}\left(\int_{-\infty}^{\infty} \frac{\cos ax}{x^2 + b^2}\,dx\right) = \frac{\partial}{\partial b}\left(\frac{\pi}{b} e^{-ab}\right)$$
より
$$\int_{-\infty}^{\infty} \frac{\cos ax}{(x^2 + b^2)^2}\,dx = \frac{\pi e^{-ab}(ab+1)}{2b^3}$$
が得られる. m, M は任意であるから, この式は $b > 0$ で成り立つ.

注意　無限積分に限らず, 有限区間の積分についても同様の公式が成り立つ.

注意　具体的な問題に定理を適用する際に, 定理の条件をきちんと示すのは難しそうにみえるかもしれないが, たいていの場合には条件はみたされるので, あまり神経質にならなくてよい.

§11　実積分への応用 II

<hr>

========== 演習問題 ==========

問題 11.1 $\displaystyle\int_{-\infty}^{\infty} \frac{\sin x}{x^2+2x+4}\,dx$ と $\displaystyle\int_{-\infty}^{\infty} \frac{\cos x}{x^2+2x+4}\,dx$ を求めよ (同時に求まる).

問題 11.2 次の積分の値を求めよ．

(1) $\displaystyle I = \int_{-\infty}^{\infty} \frac{e^{ix}}{x^2+i}\,dx$

(2) $\displaystyle J = \int_{-\infty}^{\infty} \frac{\cos x}{x^4+1}\,dx$

ヒント：(1) の積分の虚部に注目する．
余分な項は奇関数の $-\infty$ から ∞ までの積分だから消える．

問題 11.3 例題 2 を a で微分する (微分と積分の順序交換をする) ことにより

$$\int_{-\infty}^{\infty} x e^{-x^2} \sin 2ax\,dx = \sqrt{\pi}\,a e^{-a^2}$$

が成り立つことを示せ．

問題 11.4 $a > b > 0$ のとき次の各積分を求めよ．

(1) $\displaystyle I = \int_0^{2\pi} \frac{1}{a+b\cos\theta}\,d\theta$

ヒント：解法は第 2 章で学んだ．第 3 章の知識と組み合わせても良い．

(2) $\displaystyle J = \int_0^{2\pi} \frac{1}{(a+b\cos\theta)^2}\,d\theta$

ヒント：a に関する微分と θ に関する積分の順序交換を用いよ．

(3) $\displaystyle K = \int_0^{2\pi} \frac{\cos\theta}{(a+b\cos\theta)^2}\,d\theta$

ヒント：b に関する微分と θ に関する積分の順序交換を用いよ．

第 4 章
複素微分と留数

§12　複素微分

複素微分　複素数 $z = x + iy$ の関数 $f(z)$ の微分を考える．複素関数の意味での微分を
$$f'(z) = \lim_{\Delta z \to 0} \frac{f(z + \Delta z) - f(z)}{\Delta z}$$
と定義したい．この極限が有限確定であるとき，$f(z)$ は**複素微分可能** (または単に**微分可能**) であるという．ただし，$\Delta z \to 0$ とは $\Delta z = \Delta x + i\Delta y$ とおいて
$$|\Delta z| = \sqrt{\Delta x^2 + \Delta y^2} \to 0$$
という意味である．つまり動点 Δz が定点 0 に**任意の近づき方で**限りなく近づくということである．簡単のため，上下左右から近づく場合を説明しよう．

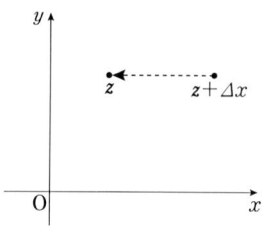

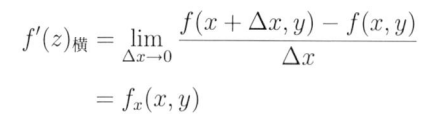

まず，左右から近づく場合は $\Delta z = \Delta x + i\Delta y$ において $\Delta y = 0$ であり，$\Delta z = \Delta x$ である．そこで
$$f'(z)_\text{横} = \lim_{\Delta x \to 0} \frac{f(z + \Delta x) - f(z)}{\Delta x}$$
とおく．$f(z)$ を x, y の関数とみなして $f(x, y)$ と書くと $f(z + \Delta x) = f(x + \Delta x, y)$ であるから
$$f'(z)_\text{横} = \lim_{\Delta x \to 0} \frac{f(x + \Delta x, y) - f(x, y)}{\Delta x}$$
$$= f_x(x, y)$$
である．

§12 複素微分

次に, 上下から近づく場合は $\Delta z = \Delta x + i\Delta y$ において $\Delta x = 0$ であり, $\Delta z = i\Delta y$ である ($\Delta z = \Delta y$ ではなく, i 倍がついている). $\Delta z = i\Delta y \to 0$ と $\Delta y \to 0$ は同じことであるから,

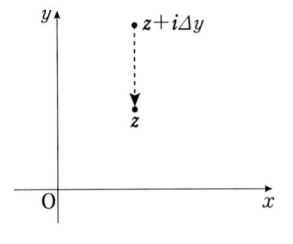

$$f'(z)_{縦} = \lim_{\Delta y \to 0} \frac{f(z + i\Delta y) - f(z)}{i\Delta y}$$
$$= \frac{1}{i} \lim_{\Delta y \to 0} \frac{f(x, y + \Delta y) - f(x, y)}{\Delta y}$$
$$= \frac{1}{i} f_y(x, y)$$

である.

$f(z)$ が複素微分可能で $f'(z)$ が 1 つの値に決まるならば, 当然

$$f'(z)_{横} = f'(z)_{縦}$$

であるから $f_x(x, y) = \frac{1}{i} f_y(x, y)$ したがって $\bar{D}f(x, y) = 0$ が成り立ち, 次を得る.

定理 12.1 (複素微分可能であるための必要条件) 関数 $f(z)$ が複素微分可能ならば $f(z)$ は正則である.

例 1. 関数 $f(z) = \bar{z} = x - iy$ は $\bar{D}\bar{z} = 1 \neq 0$ より正則でないので, 複素微分可能でない. 実際

$$f'(z)_{横} = \lim_{\Delta x \to 0} \frac{\overline{z + \Delta x} - \bar{z}}{\Delta x} = \lim_{\Delta x \to 0} \frac{\bar{z} + \Delta x - \bar{z}}{\Delta x} = 1$$

$$f'(z)_{縦} = \lim_{\Delta y \to 0} \frac{\overline{z + i\Delta y} - \bar{z}}{i\Delta y} = \lim_{\Delta y \to 0} \frac{\bar{z} - i\Delta y - \bar{z}}{i\Delta y} = -1$$

であり, $(\bar{z})'$ は定義できない.

逆に, $f(z)$ が正則ならば $f'(z)_{横} = f'(z)_{縦}$ のみならず, Δz がどのように 0 に近づくときも $\lim_{\Delta z \to 0} \frac{f(z + \Delta z) - f(z)}{\Delta z}$ は同じ値をとることを示すことができ, 次の定理が成り立つ.

> **定理 12.2 (複素微分可能であるための十分条件)** 関数 $f(z)$ が領域 D で正則ならば, $f(z)$ は D の各点で複素微分可能であり, $f'(z) = f_x(x,y) = \dfrac{1}{i} f_y(x,y)$ である.

証明 コーシーの積分公式を用いて示す. D 内の点 z に対して, z を内部に含む単純閉曲線 C で C とその内部がすべて D に含まれているようなものをとる. 定理 10.2 において a, z をそれぞれ z, w に置き換えると

$$f(z) = \frac{1}{2\pi i} \int_C \frac{f(w)}{w - z} dw$$

が成り立つ. さらに, $|\Delta z|$ が十分小さければ $z + \Delta z$ は C の内部にあるから

$$f(z + \Delta z) = \frac{1}{2\pi i} \int_C \frac{f(w)}{w - (z + \Delta z)} dw$$

であり

$$\frac{f(z+\Delta z) - f(z)}{\Delta z} = \frac{1}{2\pi i} \int_C \frac{1}{\Delta z} \left(\frac{1}{w - (z + \Delta z)} - \frac{1}{w - z} \right) f(w)\, dw$$

$$= \frac{1}{2\pi i} \int_C \frac{f(w)}{(w - (z + \Delta z))(w - z)} dw$$

が成り立つ. ここで $\Delta z \to 0$ とすると, Δz がどのような近づき方で 0 に近づいても $\dfrac{1}{w - (z + \Delta z)} \to \dfrac{1}{w - z}$ であるから

(12.1) $$f'(z) = \lim_{\Delta z \to 0} \frac{f(z + \Delta z) - f(z)}{\Delta z} = \frac{1}{2\pi i} \int_C \frac{f(w)}{(w - z)^2} dw$$

と極限値が確定し複素微分可能である. $f'(z) = f_x(x,y) = \dfrac{1}{i} f_y(x,y)$ については $f'(z) = f'(z)_横 = f'(z)_縦$ より得られる. (証明終)

コーシー・リーマンの微分方程式 $\bar{D}f(x,y) = 0$ は一周積分が 0 になるための条件であるとはじめは説明したが, 複素微分 $f'(z)$ が定義できるための条件でもあったのである.

例 2. $(z^n)' = \dfrac{\partial}{\partial x}(x + iy)^n = n(x + iy)^{n-1} = nz^{n-1}$

例 3. $(e^z)' = \dfrac{\partial}{\partial x}\{e^x(\cos y + i \sin y)\} = e^x(\cos y + i \sin y) = e^z$

§12 複素微分

グルサの公式　定理 12.2 の証明より，$f(z)$ が領域 D で正則ならば，単純閉曲線 C とその内部がすべて D に含まれているとき，C の内部の点 a について

$$f'(a) = \frac{1}{2\pi i}\int_C \frac{f(z)}{(z-a)^2}\,dz$$

が成り立つことがわかる ((12.1) 式で z, w をそれぞれ a, z に置き換える)．これを n 階導関数に拡張したものが，次のグルサの公式である．

定理 12.3 (複素微分に関するグルサの公式)　関数 $f(z)$ が領域 D で正則ならば，$f(z)$ は D の各点で何回でも複素微分可能である．さらに，単純閉曲線 C とその内部がすべて D に含まれているとき，C の内部にある任意の点 a と 0 以上の整数 n について

$$f^{(n)}(a) = \frac{n!}{2\pi i}\int_C \frac{f(z)}{(z-a)^{n+1}}\,dz$$

が成り立つ．

証明の概略　$n=2$ の場合を示す．定理 12.2 と同様に

$$\frac{f'(z+\Delta z)-f'(z)}{\Delta z} = \frac{1}{2\pi i}\int_C \frac{1}{\Delta z}\left(\frac{1}{(w-(z+\Delta z))^2} - \frac{1}{(w-z)^2}\right) f(w)\,dw$$

$$= \frac{1}{2\pi i}\int_C \frac{(2w-2z-\Delta z)f(w)}{(w-(z+\Delta z))^2(w-z)^2}\,dw$$

が成り立つ．ここで $\Delta z \to 0$ とすると右辺は $\displaystyle\frac{1}{2\pi i}\int_C \frac{2f(w)}{(w-z)^3}\,dw$ に収束するから $f'(z)$ は複素微分可能であり

$$f''(z) = \frac{2!}{2\pi i}\int_C \frac{f(w)}{(w-z)^3}\,dw$$

が成り立つ．$n \geq 3$ に対しては帰納法により示すことができる．(証明終)

注意　形式的には，コーシーの積分公式において微分と積分の順序交換をして

$$f^{(n)}(a) = \frac{1}{2\pi i}\frac{d^n}{da^n}\int_C \frac{f(z)}{z-a}\,dz = \frac{1}{2\pi i}\int_C \frac{\partial^n}{\partial a^n}\left(\frac{1}{z-a}\right)f(z)\,dz$$

$$= \frac{1}{2\pi i}\int_C \frac{n!}{(z-a)^{n+1}}f(z)\,dz = \frac{n!}{2\pi i}\int_C \frac{f(z)}{(z-a)^{n+1}}\,dz$$

である (途中の微分計算については問題 12.1 参照)．

複素微分の性質 正則関数のスカラー倍, 和・差, 積, 商の微分について, 次が成り立つ.

定理 12.4 (スカラー倍, 和・差, 積, 商の微分法) 関数 $f(z), g(z)$ が正則であるとき

(1) $(af(z) + bg(z))' = af'(z) + bg'(z)$ ただし a, b は定数

(2) $(f(z)g(z))' = f'(z)g(z) + f(z)g'(z)$

(3) $\left(\dfrac{f(z)}{g(z)}\right)' = \dfrac{f'(z)g(z) - f(z)g'(z)}{g(z)^2}$ ただし $g(z) \neq 0$

が成り立つ.

証明 正則であることは既に定理 9.1 で示した. あとは実 1 変数関数の場合と同様に

$$\begin{aligned}(f(z)g(z))' &= \lim_{\Delta z \to 0} \frac{f(z+\Delta z)g(z+\Delta z) - f(z)g(z)}{\Delta z} \\ &= \lim_{\Delta z \to 0} \left\{ \frac{f(z+\Delta z) - f(z)}{\Delta z} g(z+\Delta z) + f(z) \frac{g(z+\Delta z) - g(z)}{\Delta z} \right\} \\ &= f'(z)g(z) + f(z)g'(z)\end{aligned}$$

などとして示せる. (証明終)

例 4. $(2z^3 + z^8 e^z)' = 6z^2 + (z^8 e^z)' = 6z^2 + 8z^7 e^z + z^8 e^z$

例 5. n が正の整数のとき $\left(\dfrac{1}{z^n}\right)' = -\dfrac{n}{z^{n+1}}$

合成関数の微分については, 次が成り立つ.

定理 12.5 (合成関数の微分法) 関数 $w = f(z)$ と $\zeta = g(w)$ がともに正則で, 合成関数 $F(z) = g(f(z))$ が定義できるならば, $F(z)$ も正則で

$$F'(z) = g'(f(z))f'(z)$$

が成り立つ.

---

§12 複素微分

証明 $\Delta w = f(z+\Delta z) - f(z)$, $\Delta \zeta = g(w+\Delta w) - g(w)$ とおくと $\Delta z \to 0$ のとき $\Delta w \to 0$ であり

$$F'(z) = \lim_{\Delta z \to 0} \frac{F(z+\Delta z) - F(z)}{\Delta z} = \lim_{\Delta z \to 0} \frac{\Delta \zeta}{\Delta z}$$
$$= \lim_{\Delta z \to 0} \frac{\Delta \zeta}{\Delta w} \frac{\Delta w}{\Delta z} = \lim_{\Delta w \to 0} \frac{\Delta \zeta}{\Delta w} \cdot \lim_{\Delta z \to 0} \frac{\Delta w}{\Delta z} = g'(w) f'(z)$$

として示せる．（証明終）

例 6. α が複素数の定数のとき $(e^{\alpha z})' = \alpha e^{\alpha z}$

例 7. $(\cos z)' = \left(\dfrac{e^{iz} + e^{-iz}}{2}\right)' = \dfrac{ie^{iz} - ie^{-iz}}{2} = \dfrac{-e^{iz} + e^{-iz}}{2i} = -\sin z$

$(\sin z)' = \left(\dfrac{e^{iz} - e^{-iz}}{2i}\right)' = \dfrac{ie^{iz} + ie^{-iz}}{2i} = \dfrac{e^{iz} + e^{-iz}}{2} = \cos z$

例 8. α が複素数の定数のとき $(\cos \alpha z)' = -\alpha \sin \alpha z$, $(\sin \alpha z)' = \alpha \cos \alpha z$

最後にグルサの公式の適用例を挙げる．

例 9. $\displaystyle\int_{|z|=2} \frac{\sin \pi z}{(z-1)^4}\, dz = \frac{\pi^4}{3} i$ であることを示そう．

$f(z) = \sin \pi z$, $a = 1$, $C: |z| = 2$, $n = 3$ としてグルサの公式を適用すると

$$\frac{3!}{2\pi i} \int_{|z|=2} \frac{\sin \pi z}{(z-1)^4}\, dz = \bigl[(\sin \pi z)'''\bigr]_{z=1}$$

が成り立つ．ここで

$$(\sin \pi z)''' = -\pi^3 \cos \pi z$$

であるから，

$$\frac{3!}{2\pi i} \int_{|z|=2} \frac{\sin \pi z}{(z-1)^4}\, dz = -\pi^3 \cos \pi = \pi^3$$

となる．両辺を $\dfrac{3!}{2\pi i}$ で割って

$$\int_{|z|=2} \frac{\sin \pi z}{(z-1)^4}\, dz = \frac{\pi^4}{3} i$$

である．

演習問題

問題 12.1 $n = 1, 2, 3, \cdots$ に対して、次が成り立つことを示せ．

(1) $\dfrac{\partial}{\partial a}\left(\dfrac{1}{(z-a)^n}\right) = \dfrac{n}{(z-a)^{n+1}}$ 　(2) $\dfrac{\partial^n}{\partial a^n}\left(\dfrac{1}{z-a}\right) = \dfrac{n!}{(z-a)^{n+1}}$

問題 12.2 グルサの公式を利用して，次の積分の値を求めよ．

(1) $\displaystyle\int_{|z-9|=2} \dfrac{z^4+z^3+z^2+1}{(z-10)^2}\,dz$ 　(2) $\displaystyle\int_{|z|=2} \dfrac{z^3}{(z-i)^2}\,dz$

(3) $\displaystyle\int_{|z-1|=3} \dfrac{e^z(z^2+1)}{(z-3)^2}\,dz$ 　(4) $\displaystyle\int_{|z-3|=1} \dfrac{e^{iz}}{(z-\pi)^4}\,dz$

(5) $\displaystyle\int_{|z-2|=2} \dfrac{\sin\dfrac{\pi z}{2}}{(z^2-9)^2}\,dz$ 　(6) $\displaystyle\int_{|z+2|=2} \dfrac{\cos\dfrac{\pi z}{2}}{(z^2-9)^2}\,dz$

問題 12.3 n が正の整数のとき

$$I_n = \int_{|z-n|=\frac{1}{2}} \dfrac{\cos \pi z}{(z-n)^{4n-2}}\,dz$$

を求めよ．

問題 12.4 複素数平面全体で正則な関数 $f(z)$ について

(1) $f'(z) = 0$ が常に成り立つならば $f(z)$ が定数関数であることを示せ．

(2) $f'(z) = az^2 + bz + c$ (a, b, c は定数) が常に成り立つならば，ある定数 d が存在して
$$f(z) = \dfrac{az^3}{3} + \dfrac{bz^2}{2} + cz + d$$
となることを示せ．

§13 テイラー展開

関数の級数展開　数列 $\{A_n\}_{n=0,1,2,\cdots}$ があるとき,無限級数 $\sum_{n=0}^{\infty} A_n$ を

$$\sum_{n=0}^{\infty} A_n = \lim_{N\to\infty} \sum_{n=0}^{N} A_n$$

で定義する.この極限値が存在するとき無限級数 $\sum_{n=0}^{\infty} A_n$ は収束するという.収束しないときこの無限級数は発散するという.

$\{A_n\}$ が等比数列の場合を調べよう.初項は 1 として $A_n = r^n$ とする.

$$\sum_{n=0}^{N} r^n = 1 + r + r^2 + \cdots + r^N = \frac{1-r^{N+1}}{1-r}$$

において, $|r| < 1$ ならば

$$\lim_{N\to\infty} |r^{N+1}| = \lim_{N\to\infty} |r|^{N+1} = 0 \quad \text{より} \quad \lim_{N\to\infty} r^{N+1} = 0$$

となる.よって

$$\sum_{n=0}^{\infty} r^n = \lim_{N\to\infty} \frac{1-r^{N+1}}{1-r} = \frac{1}{1-r}$$

である.つまり関数 $\dfrac{1}{1-z}$ は $|z| < 1$ において

$$\frac{1}{1-z} = \sum_{n=0}^{\infty} z^n = 1 + z + z^2 + \cdots + z^n + \cdots$$

の形に表すことができる.

関数 $f(z)$ を無限級数により

$$\begin{aligned}f(z) &= \sum_{n=0}^{\infty} c_n (z-a)^n \\ &= c_0 + c_1(z-a) + c_2(z-a)^2 + \cdots + c_n(z-a)^n + \cdots\end{aligned}$$

の形に表すことを $f(z)$ を $z = a$ を中心として**テイラー展開**するという.$f(z)$ が $z = a$ の近くで正則ならば, $f(z)$ は $z = a$ を中心としてテイラー展開することができ,次の定理が成り立つ.

> **定理 13.1 (テイラー展開)** 関数 $f(z)$ は領域 D で正則とし, a は D 内の点とする. このとき $f(z)$ は $z=a$ を中心としてテイラー展開され
> $$f(z) = \sum_{n=0}^{\infty} \frac{f^{(n)}(a)}{n!}(z-a)^n$$
> と表される.

証明 点 a を中心とし, D に含まれる円 C をとり, コーシーの積分公式を適用すると C の内部にある z に対して

$$f(z) = \frac{1}{2\pi i} \int_C \frac{f(w)}{w-z}\,dw$$

が成り立つ. ここで $\left|\dfrac{z-a}{w-a}\right| < 1$ であるから

$$\frac{1}{w-z} = \frac{1}{(w-a)-(z-a)} = \frac{1}{w-a} \cdot \frac{1}{1-\dfrac{z-a}{w-a}}$$
$$= \frac{1}{w-a} \sum_{n=0}^{\infty} \left(\frac{z-a}{w-a}\right)^n = \sum_{n=0}^{\infty} \frac{(z-a)^n}{(w-a)^{n+1}}$$

であり, 無限和と積分の順序を交換してからグルサの公式を用いると

$$f(z) = \frac{1}{2\pi i} \int_C \sum_{n=0}^{\infty} \frac{(z-a)^n}{(w-a)^{n+1}} f(w)\,dw$$
$$= \sum_{n=0}^{\infty} \left(\frac{1}{2\pi i} \int_C \frac{f(w)}{(w-a)^{n+1}}\,dw\right)(z-a)^n = \sum_{n=0}^{\infty} \frac{f^{(n)}(a)}{n!}(z-a)^n$$

となる. (証明終)

注意 D の任意の点 z について上の表示が成り立つとは限らない. 一般に無限級数 (べき級数)

$$\sum_{n=0}^{\infty} c_n(z-a)^n$$

に対して, この級数が $|z-a|<R$ で収束し, $|z-a|>R$ で発散するような R が存在する. この R を**収束半径**という. すべての点 z に対して収束するときは, $R=\infty$ とする. 関数 $f(z)$ のテイラー展開の収束半径が ∞ となるのは $f(z)$ が複素数平面全体で正則のときである.

§13 テイラー展開

例 1. $\dfrac{1}{1-z} = \sum_{n=0}^{\infty} z^n$ の収束半径は 1 である．また，$\dfrac{1}{1-z}$ を $z=i$ を中心としてテイラー展開すると

$$\frac{1}{1-z} = \frac{1}{1-i-(z-i)} = \frac{1}{1-i} \cdot \frac{1}{1-\dfrac{z-i}{1-i}}$$

$$= \frac{1}{1-i}\sum_{n=0}^{\infty}\left(\frac{z-i}{1-i}\right)^n = \sum_{n=0}^{\infty}\left(\frac{1+i}{2}\right)^{n+1}(z-i)^n$$

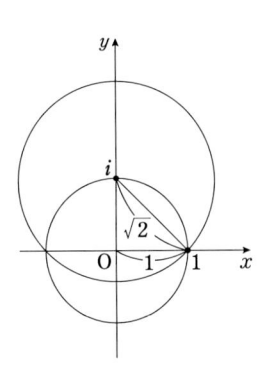

となるが，この級数の収束半径は $\left|\dfrac{z-i}{1-i}\right| < 1$ すなわち $|z-i| < |1-i|$ より $\sqrt{2}$ である．

例 2. 指数関数 $f(z) = e^z$ の $z=0$ を中心とするテイラー展開は，$f(z) = f'(z) = f''(z) = \cdots = e^z$ より $f(0) = f'(0) = f''(0) = \cdots = e^0 = 1$ であるから

$$e^z = \sum_{n=0}^{\infty} \frac{1}{n!} z^n$$

である．この級数の収束半径は ∞ である．

例 3. 三角関数 $\cos z, \sin z$ の $z=0$ を中心としたテイラー展開を求めよう．定理 13.1 を適用してもよいが，ここでは例 2 の結果を用いる．e^z のテイラー展開において z を $iz, -iz$ に置き換えると，$(\pm i)^{2m} = (-1)^m$ より

$$e^{\pm iz} = \sum_{n=0}^{\infty} \frac{1}{n!}(\pm iz)^n = \sum_{m=0}^{\infty}\left\{\frac{1}{(2m)!}(\pm iz)^{2m} + \frac{1}{(2m+1)!}(\pm iz)^{2m+1}\right\}$$

$$= \sum_{m=0}^{\infty}\left\{\frac{(-1)^m}{(2m)!}z^{2m} \pm i\,\frac{(-1)^m}{(2m+1)!}z^{2m+1}\right\}$$

を得る．したがって，

$$\cos z = \frac{1}{2}(e^{iz} + e^{-iz}) = \sum_{m=0}^{\infty} \frac{(-1)^m}{(2m)!} z^{2m},$$

$$\sin z = \frac{1}{2i}(e^{iz} - e^{-iz}) = \sum_{m=0}^{\infty} \frac{(-1)^m}{(2m+1)!} z^{2m+1}$$

である．なお，これらの収束半径も ∞ である．

ロピタルの定理　テイラー展開の応用として，ロピタルの定理を示す．

定理 13.2 (ロピタルの定理)　関数 $f(z), g(z)$ は $z = a$ の近くで正則で，$f^{(n)}(a) = g^{(n)}(a) = 0 \ (0 \leqq n \leqq m-1)$, $g^{(m)}(a) \neq 0$ をみたすとする．このとき $\lim_{z \to a} \dfrac{f(z)}{g(z)}$ が存在して

$$\lim_{z \to a} \frac{f(z)}{g(z)} = \frac{f^{(m)}(a)}{g^{(m)}(a)}$$

が成り立つ．

証明　仮定 $f^{(n)}(a) = g^{(n)}(a) = 0 \ (0 \leqq n \leqq m-1)$ より $f(z), g(z)$ のテイラー展開は

$$f(z) = \frac{f^{(m)}(a)}{m!}(z-a)^m + \frac{f^{(m+1)}(a)}{(m+1)!}(z-a)^{m+1} + \cdots$$

$$g(z) = \frac{g^{(m)}(a)}{m!}(z-a)^m + \frac{g^{(m+1)}(a)}{(m+1)!}(z-a)^{m+1} + \cdots$$

となるから

$$\lim_{z \to a} \frac{f(z)}{g(z)} = \lim_{z \to a} \frac{\dfrac{f^{(m)}(a)}{m!}(z-a)^m + \dfrac{f^{(m+1)}(a)}{(m+1)!}(z-a)^{m+1} + \cdots}{\dfrac{g^{(m)}(a)}{m!}(z-a)^m + \dfrac{g^{(m+1)}(a)}{(m+1)!}(z-a)^{m+1} + \cdots}$$

$$= \lim_{z \to a} \frac{f^{(m)}(a) + (z-a)\left\{\dfrac{f^{(m+1)}(a)}{m+1} + \cdots\right\}}{g^{(m)}(a) + (z-a)\left\{\dfrac{g^{(m+1)}(a)}{m+1} + \cdots\right\}} = \frac{f^{(m)}(a)}{g^{(m)}(a)}$$

である．(証明終)

例 4.　§7, 例 5 で $\dfrac{1}{z^4+1}$ の極 $z = e^{\frac{\pi}{4}i}$ における留数を求めたが，ロピタルの定理を用いるとより簡単に求めることができる．$a = e^{\frac{\pi}{4}i}$ とおいて計算すると

$$\operatorname{Res}\left[\frac{1}{z^4+1}; z = e^{\frac{\pi}{4}i}\right] = \lim_{z \to a} \frac{z-a}{z^4+1} = \lim_{z \to a} \frac{(z-a)'}{(z^4+1)'} = \lim_{z \to a} \frac{1}{4z^3}$$

$$= \frac{1}{4a^3} = \frac{a}{4a^4} = -\frac{a}{4} = -\frac{e^{\frac{\pi}{4}i}}{4} = -\frac{1}{4\sqrt{2}}(1+i)$$

である．問題 7.5 も同様にできる．

§13 テイラー展開

━━━━━━━━━ **演習問題** ━━━━━━━━━

問題 13.1 次の関数の $z=0$ を中心としたテイラー展開を求めよ．

(1) $\dfrac{1}{1-3z}$ (2) $\dfrac{2z}{1-3z}$

問題 13.2 関数 z^2+3z+2 の $z=-1$ を中心としたテイラー展開を求めよ．

問題 13.3 次の関数の $z=1$ を中心としたテイラー展開を求めよ．

(1) e^z (2) $\dfrac{1}{z-3}$ (3) $\dfrac{z+1}{z^2}$

問題 13.4 $f(z)=e^z\sin\pi z$ の $z=1$ を中心としたテイラー展開を $(z-1)^2$ の項まで求めよ．

問題 13.5 次の極限値を求めよ．

(1) $\displaystyle\lim_{z\to 0}\frac{1-\cos 2iz}{z^2}$ (2) $\displaystyle\lim_{z\to 0}\frac{e^{3iz}+e^{-3iz}-2}{z^2}$

(3) $\displaystyle\lim_{z\to i}\frac{1+\cos\pi iz}{(z-i)^2}$ (4) $\displaystyle\lim_{z\to 0}\frac{e^{iz}-\cos 2iz}{\sin 3iz}$

§14　極と留数

極　点 a を中心とするある円の内部を D とする．D から a を取り除いた部分では正則であるが，D 全体では正則でない関数 $f(z)$ について考える．

例 1. 関数 $\dfrac{e^z}{(z-2)^2(z-5)}$ は $z=2$ を中心とし，半径が 3 より小さい円に対して，その内部から $z=2$ を除いた部分で正則であるが，内部全体では正則でない．

関数 $f(z)$ が，$g(a) \neq 0$ をみたし D 全体で正則な関数 $g(z)$ と 1 以上の整数 m によって
$$f(z) = \frac{g(z)}{(z-a)^m}$$
と表されるとき，$z=a$ は $f(z)$ の **位数 m の極** であるという．分数式については，極とその位数について §7 で既に述べているが，この定義はそこでの定義と一致する．

例 2. (§7, 例 2 再掲)　関数 $\dfrac{5z^2+3z-4}{(z-1)^2(z+3)}$ において $z=1$ は位数 2 の極であり，$z=-3$ は位数 1 の極である．

例 3.　関数 $\dfrac{e^z}{(z-2)^2(z-5)}$ において $z=2$ は位数 2 の極であり，$z=5$ は位数 1 の極である．

留数　§7 では分数式に対して留数を定義したが，分数式でなくても同様に定義できる．上で示した関数 $f(z)$ と D に対して，D 内の単純閉曲線 K で極 $z=a$ が K の内部にあるようなものをとる．積分
$$\frac{1}{2\pi i} \int_K f(z)\, dz$$
を $f(z)$ の極 $z=a$ における **留数** といい
$$\mathrm{Res}[f(z); z=a] = \frac{1}{2\pi i} \int_K f(z)\, dz$$
で表す．ここに $f(z) = \dfrac{g(z)}{(z-a)^m}$ を代入すると
$$\mathrm{Res}[f(z); z=a] = \frac{1}{2\pi i} \int_K \frac{g(z)}{(z-a)^m}\, dz$$

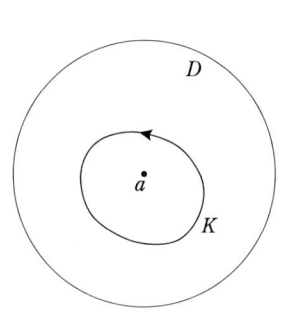

§14 極と留数

となるが、これはグルサの公式より

$$\frac{1}{(m-1)!}g^{(m-1)}(a)$$

に等しい. $g(z) = (z-a)^m f(z)$ であるから、次が成り立つ.

定理 14.1 (留数を求める公式) $z = a$ が $f(z)$ の位数 m の極のとき

$$\operatorname{Res}[f(z); z = a] = \frac{1}{(m-1)!}\lim_{z \to a}\frac{d^{m-1}}{dz^{m-1}}\{(z-a)^m f(z)\}$$

である.

例 4. (位数 2 の極) 関数 $\dfrac{1}{(z^4-1)^2}$ の極は $z = \pm 1, \pm i$ で、位数はいずれも 2 である. このうち $z = 1$ における留数を求めると

$$\operatorname{Res}\left[\frac{1}{(z^4-1)^2}; z = 1\right] = \lim_{z \to 1}\frac{d}{dz}\left(\frac{(z-1)^2}{(z^4-1)^2}\right) = \lim_{z \to 1}\frac{d}{dz}\left(\frac{1}{(z+1)^2(z^2+1)^2}\right)$$

$$= \lim_{z \to 1}\left(-\frac{6z^2 + 4z + 2}{(z+1)^3(z^2+1)^3}\right) = -\frac{3}{16}$$

である.

例 5. (位数 3 の極) 関数 $\dfrac{\cos z}{z(z-\pi)^3}$ の極は $z = 0$ と $z = \pi$ で、位数は $z = 0$ が 1 であり、$z = \pi$ が 3 である. このうち $z = \pi$ における留数を求めると

$$\operatorname{Res}\left[\frac{\cos z}{z(z-\pi)^3}; z = \pi\right] = \frac{1}{2!}\lim_{z \to \pi}\frac{d^2}{dz^2}\left(\frac{\cos z}{z}\right)$$

$$= \frac{1}{2}\lim_{z \to \pi}\left(\frac{-z^2\cos z + 2z\sin z + 2\cos z}{z^3}\right) = \frac{\pi^2 - 2}{2\pi^3}$$

である.

例 6. (位数 4 の極) 関数 $\dfrac{e^{2z}}{(z-a)^4}$ の極は $z = a$ で、位数は 4 である. 留数を求めると

$$\operatorname{Res}\left[\frac{e^{2z}}{(z-a)^4}; z = a\right] = \frac{1}{3!}\lim_{z \to a}\frac{d^3}{dz^3}\left(e^{2z}\right) = \frac{1}{6}\lim_{z \to a}\left(8e^{2z}\right) = \frac{4e^{2a}}{3}$$

である.

留数定理 ここでは，D はある円の内部とは限らず，一般の領域とする．

定理 14.2 (留数定理) 関数 $f(z)$ は領域 D において極を除いて正則であるとする．単純閉曲線 C とその内部がすべて D に含まれていて，C は極を通らず，C の内部に有限個の極 $a_1, a_2, \ldots, a_\ell$ があるとき

$$\int_C f(z)\,dz = 2\pi i \sum_{j=1}^{\ell} \mathrm{Res}[f(z); z = a_j]$$

が成り立つ．

証明 §7 で述べた積分路の変形を用いて

$$\int_C f(z)\,dz = \int_{K_1} f(z)\,dz + \cdots + \int_{K_\ell} f(z)\,dz$$

が成り立つ．ここで

$$\int_{K_j} f(z)\,dz = 2\pi i \mathrm{Res}[f(z); z = a_j]$$

であるから，定理の公式を得る．(証明終)

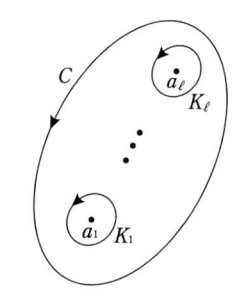

例 7. $I = \displaystyle\int_{|z|=4} \frac{\sin\frac{\pi z}{6}}{z^2 - 5z + 6}\,dz$ の値を求めよう．$z = 2, 3$ が被積分関数の極で，いずれも位数は 1 である．両方とも積分路 $|z| = 4$ の内部にあるから

$$I = 2\pi i \left(\mathrm{Res}\left[\frac{\sin\frac{\pi z}{6}}{z^2 - 5z + 6}; z = 2\right] + \mathrm{Res}\left[\frac{\sin\frac{\pi z}{6}}{z^2 - 5z + 6}; z = 3\right] \right)$$

$$= 2\pi i \left(\lim_{z \to 2} \frac{\sin\frac{\pi z}{6}}{z - 3} + \lim_{z \to 3} \frac{\sin\frac{\pi z}{6}}{z - 2} \right) = (2 - \sqrt{3})\pi i$$

である．

例 8. $J = \displaystyle\int_{|z-1|=1} \frac{dz}{(z^3 - 1)^3}$ の値を求めよう．積分路の内部にある極は $z = 1$ のみであり，位数は 3 であるから

$$J = 2\pi i \mathrm{Res}\left[\frac{1}{(z^3 - 1)^3}; z = 1\right] = 2\pi i \cdot \frac{1}{2!} \lim_{z \to 1} \frac{d^2}{dz^2}\left(\frac{(z-1)^3}{(z^3 - 1)^3}\right)$$

$$= \pi i \lim_{z \to 1} \frac{d^2}{dz^2}\left(\frac{1}{(z^2 + z + 1)^3}\right) = \frac{10\pi i}{27}$$

である．

§14 極と留数

|||||||||||||||||||||||||||||| **演習問題** ||||||||||||||||||||||||||||||

問題 14.1 次の関数の極と留数を求めよ．

(1) $\dfrac{e^z}{z^m}$ (m は正の整数) (2) $\dfrac{1+e^{2z}}{z^3}$

(3) $\dfrac{\cos z}{(z-i)^4}$ (4) $\dfrac{\sin\dfrac{\pi z}{6}}{(z-2)^2(z-3)}$

問題 14.2 次の積分の値を求めよ．

(1) $\displaystyle\int_{|z-1|=2}\dfrac{\cos z}{z(z-\pi)^3}\,dz$ (2) $\displaystyle\int_{|z-1|=5}\dfrac{\cos z}{z(z-\pi)^3}\,dz$

(3) $\displaystyle\int_{|z-1|=2}\dfrac{e^z}{(z-2)^2(z-5)}\,dz$ (4) $\displaystyle\int_{|z-1|=5}\dfrac{e^z}{(z-2)^2(z-5)}\,dz$

問題 14.3 $C:|z|=1$ とするとき，次の積分の値を求めよ．

(1) $\displaystyle\int_C \dfrac{2z^2+5z-1}{(2z+1)^2(3z-1)}\,dz$ (2) $\displaystyle\int_C \dfrac{z^2 e^{\pi i z}}{9z^2-1}\,dz$

(3) $\displaystyle\int_C \dfrac{\sin \pi z}{(4z^2-1)^2}\,dz$ (4) $\displaystyle\int_C \dfrac{\cos \pi z}{(9z^2-1)^2}\,dz$

§15 実積分への応用 III

例題 1
$$\int_{-\infty}^{\infty} \frac{x}{(x^2+2x+4)^2}\,dx = -\frac{\pi\sqrt{3}}{18}$$

解 $\dfrac{z}{(z^2+2z+4)^2}$ の極は $(z^2+2z+4)^2 = 0$ を解いて

$$z = -1 \pm \sqrt{3}\,i \quad (\text{位数 } 2)$$

である．以下，$\alpha = -1+\sqrt{3}\,i$, $\beta = -1-\sqrt{3}\,i$ とおく．原点を中心とし，半径 R が十分大きい上半円 C_R と実軸上の 2 点 $\mathrm{A}(-R), \mathrm{B}(R)$ を結ぶ線分 AB を合わせて出来る単純閉曲線に沿って一周積分すると，留数定理により

$$\left(\int_{-R}^{R} + \int_{C_R}\right) \frac{z}{(z^2+2z+4)^2}\,dz = 2\pi i \operatorname{Res}\left[\frac{z}{(z^2+2z+4)^2}; z=\alpha\right]$$

$$= 2\pi i \lim_{z \to \alpha} \frac{d}{dz}\left(\frac{(z-\alpha)^2 z}{(z^2+2z+4)^2}\right) = 2\pi i \lim_{z \to \alpha} \frac{d}{dz}\left(\frac{z}{(z-\beta)^2}\right)$$

$$= 2\pi i \cdot \frac{-(\alpha+\beta)}{(\alpha-\beta)^3} = -\frac{\pi\sqrt{3}}{18}$$

である．一方，C_R 上では $|z| = R$ であり，R が十分大きいならば

$$|(z^2+2z+4)^2| \geq \frac{R^4}{2} \quad \text{より} \quad \left|\frac{z}{(z^2+2z+4)^2}\right| \leq R \cdot \frac{2}{R^4} = \frac{2}{R^3}$$

であり，

$$\left|\int_{C_R} \frac{z}{(z^2+2z+4)^2}\,dz\right| \leq \frac{2}{R^3} \cdot \pi R = \frac{2\pi}{R^2} \to 0 \quad (R \to \infty)$$

が成り立つ．したがって

$$\int_{-\infty}^{\infty} \frac{x}{(x^2+2x+4)^2}\,dx = -\frac{\pi\sqrt{3}}{18}$$

である．(解終)

§15 実積分への応用 III

> **例題 2** $\displaystyle\int_{-\infty}^{\infty} \frac{\cos 4x}{x^4 + 5x^2 + 4}\,dx = \frac{(2e^4 - 1)\pi}{6e^8}$

解 $f(z) = \dfrac{e^{4iz}}{z^4 + 5z^2 + 4}$ とおく．$f(z)$ の極は $z = \pm i, \pm 2i$ の 4 点であり，位数はいずれも 1 である．例題 1 と同じ積分路で一周積分すると，留数定理により

$$\left(\int_{-R}^{R} + \int_{C_R}\right) f(z)\,dz = 2\pi i\bigl(\mathrm{Res}[f(z); z = i] + \mathrm{Res}[f(z); z = 2i]\bigr)$$

$$= 2\pi i \left\{ \lim_{z \to i} \frac{e^{4iz}}{(z+i)(z^2+4)} + \lim_{z \to 2i} \frac{e^{4iz}}{(z^2+1)(z+2i)} \right\}$$

$$= \frac{(2e^4 - 1)\pi}{6e^8}$$

である．一方，C_R 上では $y \geqq 0$ より $|e^{4iz}| = |e^{4ix - 4y}| = e^{-4y} \leqq 1$ であるから

$$\left|\frac{e^{4iz}}{z^4 + 5z^2 + 4}\right| \leqq \frac{1}{|z^4 + 5z^2 + 4|} \leqq \frac{2}{R^4}$$

であり，

$$\left|\int_{C_R} f(z)\,dz\right| \leqq \frac{2}{R^4} \cdot \pi R = \frac{2\pi}{R^3} \to 0 \quad (R \to \infty)$$

が成り立つ．したがって

$$\int_{-\infty}^{\infty} f(x)\,dx = \int_{-\infty}^{\infty} \frac{\cos 4x + i\sin 4x}{x^4 + 5x^2 + 4}\,dx = \frac{(2e^4 - 1)\pi}{6e^8}$$

を得る．あとはこの式の両辺の実部を取ればよい．(解終)

注意 虚部をとると

$$\int_{-\infty}^{\infty} \frac{\sin 4x}{x^4 + 5x^2 + 4}\,dx = 0$$

が得られるが，$\dfrac{\sin 4x}{x^4 + 5x^2 + 4}$ は奇関数なのでこれは自明である．

注意 直接 $f(z) = \dfrac{\cos 4z}{z^4 + 5z^2 + 4}$ として一周積分を求めてもうまくいかない．それは C_R 上で

$$|\cos 4z| \leqq 1$$

が成り立たないからである．そこで，上述のように $\dfrac{e^{4iz}}{z^4 + 5z^2 + 4}$ の積分を求めて実部をとる．

━━━━━━━━━━━━━━━━ 演習問題 ━━━━━━━━━━━━━━━━

問題 15.1 次の積分の値を求めよ．

（1）$\displaystyle \int_{-\infty}^{\infty} \frac{1}{(x^2+1)(x^2+4)^2}\, dx$ 　　（2）$\displaystyle \int_{-\infty}^{\infty} \frac{\cos x}{(x^2+1)^2}\, dx$

（3）$\displaystyle \int_{-\infty}^{\infty} \frac{x\sin x}{x^4+13x^2+36}\, dx$ 　　（4）$\displaystyle \int_{-\infty}^{\infty} \frac{x^2 \cos x}{(x^2+1)^2(x^2+4)}\, dx$

問題 15.2 分数式 $\dfrac{P(z)}{Q(z)}$ は実軸上に極をもたず，条件

$$P(z) \text{ の次数} \leqq Q(z) \text{ の次数} - 2$$

をみたしているとする．$\dfrac{P(z)}{Q(z)}$ の上半平面 $\mathrm{Im}\, z > 0$ にある極 (虚部が正である極) を

$$z = a_1,\ a_2,\ \cdots,\ a_\ell$$

とするとき，次の問いに答えよ．

（1）定積分 $\displaystyle \int_{-\infty}^{\infty} \frac{P(x)}{Q(x)}\, dx$ の値は

$$\int_{-\infty}^{\infty} \frac{P(x)}{Q(x)}\, dx = 2\pi i \sum_{j=1}^{\ell} \mathrm{Res}\left[\frac{P(z)}{Q(z)}; z = a_j\right]$$

で与えられることを示せ．

（2）m を正の実数とするとき，定積分 $\displaystyle \int_{-\infty}^{\infty} \frac{e^{imx} P(x)}{Q(x)}\, dx$ の値は

$$\int_{-\infty}^{\infty} \frac{e^{imx} P(x)}{Q(x)}\, dx = 2\pi i \sum_{j=1}^{\ell} \mathrm{Res}\left[\frac{e^{imz} P(z)}{Q(z)}; z = a_j\right]$$

で与えられることを示せ．(この積分の実部と虚部をとることにより，積分

$$\int_{-\infty}^{\infty} \frac{P(x)}{Q(x)} \cos mx\, dx, \quad \int_{-\infty}^{\infty} \frac{P(x)}{Q(x)} \sin mx\, dx$$

が得られる．)

演習問題の解答

§1 (p. 4)

問題 1.1 （1）$-18+i$ （2）$-26-18i$ （3）$8-23\sqrt{2}i$ （4）$-1-5i$
（5）$\dfrac{1-4\sqrt{2}i}{3}$ （6）i

問題 1.2 （1）$z=-3-2i$ （2）$z=\dfrac{-11-2i}{5}$ （3）$z=2+5i$

問題 1.3 $z=x+yi$ とおくとき （1）$\dfrac{1}{2}(z+\overline{z})=\dfrac{1}{2}(x+yi+x-yi)=x=\mathrm{Re}z$
（2）$\dfrac{1}{2i}(z-\overline{z})=\dfrac{1}{2i}\{x+yi-(x-yi)\}=y=\mathrm{Im}z$

問題 1.4 $z_1=x_1+y_1i,\ z_2=x_2+y_2i$ とおくとき
（1）$z_1z_2=x_1x_2-y_1y_2+(x_1y_2+x_2y_1)i$ より $\overline{z_1z_2}=x_1x_2-y_1y_2-(x_1y_2+x_2y_1)i$
　　一方，$\overline{z_1}\,\overline{z_2}=(x_1-y_1i)(x_2-y_2i)=x_1x_2-y_1y_2-(x_1y_2+x_2y_1)i$
（2）$\dfrac{z_1}{z_2}=\dfrac{x_1x_2+y_1y_2-(x_1y_2-x_2y_1)i}{x_2{}^2+y_2{}^2}$ より $\overline{\left(\dfrac{z_1}{z_2}\right)}=\dfrac{x_1x_2+y_1y_2+(x_1y_2-x_2y_1)i}{x_2{}^2+y_2{}^2}$
　　一方，$\dfrac{\overline{z_1}}{\overline{z_2}}=\dfrac{x_1-y_1i}{x_2-y_2i}=\dfrac{(x_1-y_1i)(x_2+y_2i)}{(x_2-y_2i)(x_2+y_2i)}=\dfrac{x_1x_2+y_1y_2+(x_1y_2-x_2y_1)i}{x_2{}^2+y_2{}^2}$

問題 1.5 （1）$\overline{f(z)}=\overline{az^3+bz^2+cz+d}=\overline{az^3}+\overline{bz^2}+\overline{cz}+\overline{d}$
　　　　$=\overline{a}\,\overline{z^3}+\overline{b}\,\overline{z^2}++\overline{c}\,\overline{z}+\overline{d}=a(\overline{z})^3+b(\overline{z})^2+c\,\overline{z}+d=f(\overline{z})$
　　　　$f(\alpha)=0$ より $f(\overline{\alpha})=\overline{f(\alpha)}=\overline{0}=0$ であるから $\overline{\alpha}$ も解である．
（2）$p=-2,\ q=10$，残りの解 $2-i,-2$

問題 1.6 いえない．例えば，$\alpha+\beta=4,\ \alpha\beta=5$ のとき，$(\alpha,\beta)=(2\pm i,2\mp i)$ である．

§2 (p. 13)

問題 2.1 （1）$6(\cos\pi+i\sin\pi)$ （2）$\sqrt{5}(\cos\dfrac{\pi}{2}+i\sin\dfrac{\pi}{2})$ （3）$\sqrt{2}(\cos\dfrac{3}{4}\pi+i\sin\dfrac{3}{4}\pi)$
（4）$4(\cos\dfrac{7}{6}\pi+i\sin\dfrac{7}{6}\pi)$ （5）$\dfrac{1}{2}(\cos\dfrac{\pi}{3}+i\sin\dfrac{\pi}{3})$ （6）$\dfrac{27}{8}(\cos\dfrac{\pi}{2}+i\sin\dfrac{\pi}{2})$

問題 2.2 （1）$2\pm\sqrt{3}+(1\mp 2\sqrt{3})i$ (複号同順)
（2）$\dfrac{-5-\sqrt{3}+(3\sqrt{3}-3)i}{2},\dfrac{7-\sqrt{3}+(3+\sqrt{3})i}{2}$
（3）$\dfrac{2\pm\sqrt{3}-(1\pm 2\sqrt{3})i}{2}$ (複号同順) （4）$-2\pm 2\sqrt{3}+(3\mp\sqrt{3})i$ (複号同順)

問題 2.3 （1）$\angle\mathrm{O}=\dfrac{\pi}{2},\ \angle\mathrm{A}=\angle\mathrm{B}=\dfrac{\pi}{4}$ （2）$\angle\mathrm{O}=\dfrac{\pi}{6},\ \angle\mathrm{A}=\dfrac{\pi}{3},\ \angle\mathrm{B}=\dfrac{\pi}{2}$

問題 2.4 $z = x + yi$ とおくとき （1）$|z| = \sqrt{x^2 + y^2} \geqq \sqrt{x^2} = |x| = |\mathrm{Re}\, z|$

（2）$|z| = \sqrt{x^2 + y^2} \geqq \sqrt{y^2} = |y| = |\mathrm{Im}\, z|$

（3）$|\mathrm{Re}\, z| + |\mathrm{Im}\, z| = |x| + |y| = \sqrt{(|x|+|y|)^2} = \sqrt{x^2 + 2|xy| + y^2} \geqq \sqrt{x^2 + y^2} = |z|$

問題 2.5 （1）中心 $-1 + 2i$, 半径 2 の円

（2）点 $2i, -4$ を結ぶ線分の垂直 2 等分線　　（3）中心 $4i$, 半径 2 の円

問題 2.6

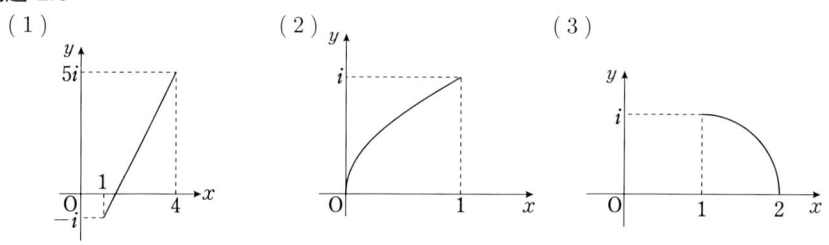

(1)　　　　　　　　　　(2)　　　　　　　　　　(3)

問題 2.7 （1）$z = 2t + 2(1-t)i,\ 0 \leqq t \leqq 1$　（2）$z = 1 + ti,\ -3 \leqq t \leqq 3$

（3）$z = 2(\cos t + i \sin t) - 3i,\ 0 \leqq t \leqq 2\pi$　（4）$z = 2(\cos t + i \sin t),\ 0 \leqq t \leqq \pi$

§3 (p. 22)

問題 3.1 （1）$32i$　（2）$\dfrac{-1 - \sqrt{3}i}{2}$　（3）$\dfrac{-\sqrt{3} + i}{256}$　（4）$\dfrac{1 - \sqrt{3}i}{2}$

問題 3.2 （1）$\pm \dfrac{1+i}{\sqrt{2}}$　（2）$1+i,\ \dfrac{-1 \pm \sqrt{3} - (1 \pm \sqrt{3})i}{2}$（複号同順）

（3）$\pm \dfrac{1+i}{\sqrt{2}},\ \pm \dfrac{1-i}{\sqrt{2}}$

問題 3.3 （1）$z^5 = 1$ より $(z-1)(z^4 + z^3 + z^2 + z + 1) = 0$　（2）$u^2 + u - 1 = 0$

（3）$z = 1,\ \dfrac{-1 + \sqrt{5} \pm \sqrt{10 + 2\sqrt{5}}\, i}{4},\ \dfrac{-1 - \sqrt{5} \pm \sqrt{10 - 2\sqrt{5}}\, i}{4}$

（4）$\cos \dfrac{2}{5}\pi = \dfrac{-1 + \sqrt{5}}{4},\ \sin \dfrac{2}{5}\pi = \dfrac{\sqrt{10 + 2\sqrt{5}}}{4}$

問題 3.4 （1）$\pm \sqrt{3},\ \pm \dfrac{\sqrt{3} + 3i}{2},\ \pm \dfrac{\sqrt{3} - 3i}{2}$　（2）$\pm(2 + \sqrt{3}i),\ \pm \dfrac{1 - 3\sqrt{3}i}{2},\ \pm \dfrac{5 - \sqrt{3}i}{2}$

問題 3.5 θ が 2π の整数倍でないとき, $z + z^2 + z^3 + \cdots\cdots + z^n = \dfrac{z(z^n - 1)}{z - 1}$ において $z = \cos\theta + i \sin\theta$ とおくと,

演習問題の解答

(左辺)
$$= \cos\theta + i\sin\theta + (\cos\theta + i\sin\theta)^2 + (\cos\theta + i\sin\theta)^3 + \cdots + (\cos\theta + i\sin\theta)^n$$
$$= \cos\theta + i\sin\theta + \cos 2\theta + i\sin 2\theta + \cos 3\theta + i\sin 3\theta + \cdots + \cos n\theta + i\sin n\theta$$
$$= \cos\theta + \cos 2\theta + \cos 3\theta + \cdots + \cos n\theta + i(\sin\theta + \sin 2\theta + \sin 3\theta + \cdots + \sin n\theta),$$

(右辺)
$$= \frac{(\cos\theta + i\sin\theta)\{(\cos\theta + i\sin\theta)^n - 1\}}{\cos\theta + i\sin\theta - 1} = \frac{(\cos\theta + i\sin\theta)(\cos n\theta - 1 + i\sin n\theta)}{\cos\theta - 1 + i\sin\theta}$$
$$= \frac{(\cos\theta + i\sin\theta)\cdot 2i\sin\frac{n\theta}{2}(\cos\frac{n\theta}{2} + i\sin\frac{n\theta}{2})}{2i\sin\frac{\theta}{2}(\cos\frac{\theta}{2} + i\sin\frac{\theta}{2})}$$
$$= \frac{\sin\frac{n\theta}{2}}{\sin\frac{\theta}{2}}\{\cos(\theta + \frac{n\theta}{2} - \frac{\theta}{2}) + i\sin(\theta + \frac{n\theta}{2} - \frac{\theta}{2})\} = \frac{\sin\frac{n\theta}{2}}{\sin\frac{\theta}{2}}\{\cos\frac{(n+1)\theta}{2} + i\sin\frac{(n+1)\theta}{2}\}$$

となる．ここで両辺の実部，虚部を比較するとそれぞれ (1), (2) の式が得られる．

§**4** (p. 24)

問題 4.1 (1) $u = x^3 - 3xy^2 + 2x,\ v = 3x^2y - y^3 + 2y$

(2) $u = \dfrac{x}{x^2 + y^2},\ v = \dfrac{y}{x^2 + y^2}$　　(3) $u = \dfrac{x^2 + y^2 - 1}{x^2 + (y+1)^2},\ v = -\dfrac{2x}{x^2 + (y+1)^2}$

(4) $u = e^{x^2 - y^2}\cos 2xy,\ v = e^{x^2 - y^2}\sin 2xy$

(5) $u = \dfrac{1}{2}(e^{2y} + e^{-2y})\sin 2x,\ v = \dfrac{1}{2}(e^{2y} - e^{-2y})\cos 2x$

(6) $u = \dfrac{1}{2\sqrt{2}}(e^y + e^{-y})(\cos x - \sin x),\ v = -\dfrac{1}{2\sqrt{2}}(e^y - e^{-y})(\cos x + \sin x)$

問題 4.2 (1) 0 と $2 + 2\sqrt{3}i$ を結ぶ線分

(2) $w = u + vi$ とおくとき，放物線 $u = -\dfrac{1}{4}v^2 + 1$ の $|v| \leqq 2$ の部分

(3) 円 $|w| = 4$　　(4) 円 $|w| = 4$ の $\operatorname{Re} w \geqq -2$ の部分

問題 4.3 (1) 中心 $-\dfrac{1}{3}$, 半径 $\dfrac{2}{3}$ の円　　(2) 中心 $-3 - 2i$, 半径 4 の円

(3) 中心 $1 - i$, 半径 1 の円 (ただし，点 1 を除く)

問題 4.4 (1) 中心 0, 半径 e の円　　(2) $\dfrac{1+i}{\sqrt{2}}$ と $\dfrac{(1+i)e}{\sqrt{2}}$ を結ぶ線分

(3) 円環領域 $1 \leqq |w| \leqq e$　　(4) 扇状領域 $\dfrac{\pi}{6} \leqq \arg w \leqq \dfrac{\pi}{3}$ (ただし，0 を除く)

問題 4.5 (1) $z = (2n+1)\pi$ (n は整数)　　(2) $z = 2n\pi + i\log(3 \pm 2\sqrt{2})$ (n は整数)

(3) $z = 2n\pi + i\log(\sqrt{2} + 1),\ (2n+1)\pi + i\log(\sqrt{2} - 1)$ (n は整数)

§5 (p. 32)

問題 5.1 $f(t) = u(t) + iv(t)$, $g(t) = p(t) + iq(t)$ とすると
$$\{f(t)g(t)\}' = \{u(t)p(t) - v(t)q(t)\}' + i\{u(t)q(t) + v(t)p(t)\}'$$
であり，この右辺の微分に実変数実数値関数の積の微分公式を適用すればよい．

問題 5.2 （1） $f'(t) = 2(t+1) + i3(t^2+1)$
（2） $f'(t) = 3(t^2+it)^2(t^2+it)' = 3(t^2+it)^2(2t+i)$
（3） $f'(t) = (e^{2t}e^{i3t})' = 2e^{2t}e^{i3t} + e^{2t}3ie^{i3t} = (2+3i)e^{2t+i3t}$
（4） $f'(t) = \dfrac{(e^{(2t+i3t)})' + (e^{-(2t+i3t)})'}{2} = -(3-2i)\sin(3t-i2t)$

問題 5.3 （1） まず，$(e^{(a+ib)t})' = (e^{at}e^{ibt})' = (a+ib)e^{(a+ib)t}$ である．したがって
$$\int_0^x e^{(a+ib)t}\,dt = \int_0^x \left(\frac{1}{a+ib}e^{(a+ib)t}\right)'dt = \left[\frac{1}{a+ib}e^{(a+ib)t}\right]_0^x$$
$$= \frac{1}{a+ib}(e^{(a+ib)x} - 1) = \frac{a-ib}{a^2+b^2}(e^{ax}\cos bx - 1 + i\,e^{ax}\sin bx)$$
$$= \frac{1}{a^2+b^2}\{(ae^{ax}\cos bx + be^{ax}\sin bx - a) + i(ae^{ax}\sin bx - be^{ax}\cos bx + b)\}$$
（2） $\displaystyle\int_0^x e^{at}\cos bt\,dt = \frac{1}{a^2+b^2}(ae^{ax}\cos bx + be^{ax}\sin bx - a)$
$\displaystyle\int_0^x e^{at}\sin bt\,dt = \frac{1}{a^2+b^2}(ae^{ax}\sin bx - be^{ax}\cos bx + b)$

問題 5.4 （1），（2），$\cdots$ の積分をそれぞれ $I_1, I_2, \cdots$ で表す．
（1） $z = t + i(1-t^2)$ のとき $\mathrm{Re}\,z = t$, $\mathrm{Im}\,z = 1 - t^2$, $z' = 1 - i2t$ であるから，
$$I_1 = \int_{-1}^1 (t + 1 - t^2)(1 - i2t)\,dt = \frac{4}{3} - \frac{4}{3}i$$
（2） $z = t + i(1-t^2)$ のとき $|z|^2 = t^2 + (1-t^2)^2$, $z' = 1 - i2t$ であるから，
$$I_2 = \int_{-1}^1 (t^2 + (1-t^2)^2)(1 - i2t)\,dt = \frac{26}{15}$$
（3） $z = e^{i(\pi-t)} = -e^{-it}$ のとき $|z| = 1$, $z' = ie^{-it}$ であるから，
$$I_3 = \int_0^\pi 1 \cdot ie^{-it}\,dt = \left[-e^{-it}\right]_0^\pi = 2$$
（4） $z = Re^{it}$ のとき $\bar{z} = Re^{-it}$, $z' = Rie^{it}$ であるから，
$$I_4 = \int_0^{2\pi} Re^{-it}Rie^{it}\,dt = \int_0^{2\pi} R^2 i\,dt = 2\pi R^2 i$$
（5） $z = Re^{it}$ のとき $\dfrac{1}{z^2} = \dfrac{1}{R^2 e^{2it}}$, $z' = Rie^{it}$ であるから，
$$I_5 = \int_0^{2\pi} \frac{1}{R^2 e^{2it}}Rie^{it}\,dt = \int_0^{2\pi} \frac{i}{R}e^{-it}\,dt = \left[-\frac{1}{R}e^{-it}\right]_0^{2\pi} = 0$$

演習問題の解答

§6 (p. 39)

問題 6.1 （1），（2）の積分をそれぞれ I_1, I_2 で表す．いずれも積分路 C の始点 1 と終点 $2i$ から決まる．

（1）$I_1 = \left[z^3 + \dfrac{1}{2}z^4\right]_1^{2i} = \dfrac{13}{2} - 8i$　　（2）$I_2 = \left[-\dfrac{3}{z} - \dfrac{1}{z^2}\right]_1^{2i} = \dfrac{17}{4} + \dfrac{3}{2}i$

問題 6.2 （1），（2），… の積分をそれぞれ I_1, I_2, … で表す．C は半径 1 の上半円で，始点は 1，終点は -1 である．

（1）$I_1 = \log|-1-\sqrt{3}| - \log|1-\sqrt{3}| + i\{\arg(-1-\sqrt{3}) - \arg(1-\sqrt{3})\}$
$= \log(\sqrt{3}+1) - \log(\sqrt{3}-1) + i(\pi - \pi) = \log(2+\sqrt{3})$

（2）$I_2 = \log|-1+\sqrt{3}| - \log|1+\sqrt{3}| + i\{\arg(-1+\sqrt{3}) - \arg(1+\sqrt{3})\}$
$= \log(\sqrt{3}-1) - \log(\sqrt{3}+1) + i(0-0) = \log(2-\sqrt{3})$

（3）$I_3 = \log|-1-\sqrt{3}\,i| - \log|1-\sqrt{3}\,i| + i\{\arg(-1-\sqrt{3}\,i) - \arg(1-\sqrt{3}\,i)\}$
$= \log 2 - \log 2 + i\left(\dfrac{4\pi}{3} - \dfrac{5\pi}{3}\right) = -\dfrac{\pi}{3}i$

（4）$I_4 = \log|-1+\sqrt{3}\,i| - \log|1+\sqrt{3}\,i| + i\{\arg(-1+\sqrt{3}\,i) - \arg(1+\sqrt{3}\,i)\}$
$= \log 2 - \log 2 + i\left(\dfrac{2\pi}{3} - \dfrac{\pi}{3}\right) = \dfrac{\pi}{3}i$

問題 6.3 C は点 $1+2i$ を中心とする半径 3 の円である．点 $2, 2i, -1, -i$ はそれぞれ C の内部，内部，内部，外部にあるから，答は（1）$2\pi i$　（2）$2\pi i$　（3）$2\pi i$　（4）0

問題 6.4 （1），（2）の積分をそれぞれ I_1, I_2 で表す．

（1）$I_1 = \displaystyle\int_{|z|=1} \dfrac{5}{z-2}\,dz = 0$　　（2）$I_2 = \displaystyle\int_{|z|=3} \dfrac{5}{z-2}\,dz = 5\cdot 2\pi i = 10\pi i$

§7 (p. 46)

問題 7.1 （1）$z^2 + 5z + 6 = (z+2)(z+3)$ より極は $z = -2, -3$ で，位数はいずれも 1 である．留数は $\mathrm{Res}[-2] = \left[\dfrac{z}{z+3}\right]_{z=-2} = -2$, $\mathrm{Res}[-3] = \left[\dfrac{z}{z+2}\right]_{z=-3} = 3$

（2）$z^3 - 3z^2 + 2z = z(z-1)(z-2)$ より極は $z = 0, 1, 2$ で，位数はいずれも 1 である．留数は $\mathrm{Res}[0] = \left[\dfrac{z-4}{(z-1)(z-2)}\right]_{z=0} = -2$, $\mathrm{Res}[1] = \left[\dfrac{z-4}{z(z-2)}\right]_{z=1} = 3$, $\mathrm{Res}[2] = \left[\dfrac{z-4}{z(z-1)}\right]_{z=2} = -1$

（3）$z^3 + 2z^2 = z^2(z+2)$ より極は $z = 0, -2$ で，位数は $z=0$ が 2，$z=-2$ が 1 である．$z=-2$ における留数は $\mathrm{Res}[-2] = \left[\dfrac{3z+2}{z^2}\right]_{z=-2} = -1$

（4）$z^3 - 3z^2 + 3z - 9 = (z-3)(z-\sqrt{3}\,i)(z+\sqrt{3}\,i)$ より極は $z = 3, \sqrt{3}\,i, -\sqrt{3}\,i$ で，位数はいずれも 1 である．留数は $\mathrm{Res}[3] = \left[\dfrac{z+1}{z^2+3}\right]_{z=3} = \dfrac{1}{3}$, $\mathrm{Res}[\sqrt{3}\,i] =$

$\left[\dfrac{z+1}{(z-3)(z+\sqrt{3}\,i)}\right]_{z=\sqrt{3}\,i} = -\dfrac{1}{6}$, $\mathrm{Res}[-\sqrt{3}\,i] = \left[\dfrac{z+1}{(z-3)(z-\sqrt{3}\,i)}\right]_{z=-\sqrt{3}\,i} = -\dfrac{1}{6}$

問題 7.2 （1），（2），$\cdots$ の積分をそれぞれ I_1, I_2, $\cdots$ で表す．まず，極と留数を求める．$z^2-3z-4=(z-4)(z+1)$ より極は $z=4, -1$ で，位数はいずれも 1 である．留数は $\mathrm{Res}\left[\dfrac{z}{(z-4)(z+1)}; z=4\right] = \dfrac{4}{5}$, $\mathrm{Res}\left[\dfrac{z}{(z-4)(z+1)}; z=-1\right] = \dfrac{1}{5}$ である．

（1）点 4, -1 とも積分路の外部にあるから，$I_1 = 0$

（2）点 -1 は積分路の内部にあり，4 は外部にあるから，$I_2 = 2\pi i\mathrm{Res}[-1] = \dfrac{2\pi}{5}i$

（3）点 4, -1 とも積分路の内部にあるから，$I_3 = 2\pi i\bigl(\mathrm{Res}[4]+\mathrm{Res}[-1]\bigr) = 2\pi i$

問題 7.3 （1），（2），$\cdots$ の積分をそれぞれ I_1, I_2, $\cdots$ で表す．まず，極と留数を求める．$z^2+9=(z-3i)(z+3i)$ より極は $z=3i, -3i$ で，位数はいずれも 1 である．留数は $\mathrm{Res}\left[\dfrac{1}{z^2+9}; z=3i\right] = \dfrac{1}{6i}$, $\mathrm{Res}\left[\dfrac{1}{z^2+9}; z=-3i\right] = -\dfrac{1}{6i}$ である．

（1）点 $3i$ は積分路の内部にあり，$-3i$ は外部にあるから，$I_1 = 2\pi i\mathrm{Res}[3i] = \dfrac{\pi}{3}$

（2）点 $-3i$ は積分路の内部にあり，$3i$ は外部にあるから，$I_2 = 2\pi i\mathrm{Res}[-3i] = -\dfrac{\pi}{3}$

（3）点 $3i$, $-3i$ とも積分路の内部にあるから，$I_3 = 2\pi i\bigl(\mathrm{Res}[3i]+\mathrm{Res}[-3i]\bigr) = 0$

問題 7.4 点 a は $f(z)$ の極ではないので，a は $F(z) = \dfrac{f(z)}{z-a}$ の位数 1 の極である．$\mathrm{Res}[F(z); z=a] = [f(z)]_{z=a} = f(a)$ であるから $\displaystyle\int_C \dfrac{f(z)}{z-a}\,dz = \int_C F(z)\,dz = 2\pi i f(a)$ である．

問題 7.5 （1）$\mathrm{Res}\left[\dfrac{1}{z^n+1}; z=e^{\frac{\pi}{n}i}\right] = \left[\dfrac{z-e^{\frac{\pi}{n}i}}{z^n+1}\right]_{z=e^{\frac{\pi}{n}i}}$ において $z=e^{\frac{\pi}{n}i}w$ とおくと $\mathrm{Res}\left[\dfrac{1}{z^n+1}; z=e^{\frac{\pi}{n}i}\right] = \left[\dfrac{e^{\frac{\pi}{n}i}(w-1)}{-w^n+1}\right]_{w=1} = \left[\dfrac{-e^{\frac{\pi}{n}i}}{w^{n-1}+w^{n-2}+\cdots+1}\right]_{w=1} = -\dfrac{1}{n}e^{\frac{\pi}{n}i}$

（2）$\mathrm{Res}\left[\dfrac{z^m}{z^n+1}; z=e^{\frac{\pi}{n}i}\right] = \left[\dfrac{(z-e^{\frac{\pi}{n}i})z^m}{z^n+1}\right]_{z=e^{\frac{\pi}{n}i}} = \left[\dfrac{e^{\frac{(m+1)\pi}{n}i}(w-1)w^m}{-w^n+1}\right]_{w=1} = \left[\dfrac{-e^{\frac{(m+1)\pi}{n}i}w^m}{w^{n-1}+w^{n-2}+\cdots+1}\right]_{w=1} = -\dfrac{1}{n}e^{\frac{(m+1)\pi}{n}i}$

§**8** (p. 52)

問題 8.1 （1），（2），$\cdots$ の積分をそれぞれ I_1, I_2, $\cdots$ で表す．

（1）$I_1 = \displaystyle\int_{|z|=1} \dfrac{2}{3z^2+10iz-3}\,dz = \int_{|z|=1} \dfrac{2}{3(z+3i)(z+\frac{i}{3})}\,dz = 2\pi i\mathrm{Res}\left[-\dfrac{i}{3}\right] = \dfrac{\pi}{2}$

演習問題の解答

(2) $I_2 = \int_{|z|=1} \dfrac{2}{(1+2i)z^2 - 6iz - 1 + 2i} dz = \int_{|z|=1} \dfrac{2(1-2i)}{5(z-(2+i))(z-\frac{2+i}{5})} dz$
$= 2\pi i \mathrm{Res}\left[\dfrac{2+i}{5}\right] = -\pi$

(3) $I_3 = \int_{|z|=1} \dfrac{z^2+1}{2iz(2z^2+5z+2)} dz = \int_{|z|=1} \dfrac{z^2+1}{4iz(z+2)(z+\frac{1}{2})} dz$
$= 2\pi i\left(\mathrm{Res}[0] + \mathrm{Res}\left[-\dfrac{1}{2}\right]\right) = 2\pi i\left(\dfrac{1}{4i} - \dfrac{5}{12i}\right) = -\dfrac{\pi}{3}$

(4) $I_4 = \int_{|z|=1} \dfrac{z^2-1}{iz(3z^2+10iz-3)} dz = \int_{|z|=1} \dfrac{z^2-1}{3iz(z+3i)(z+\frac{i}{3})} dz$
$= 2\pi i\left(\mathrm{Res}[0] + \mathrm{Res}\left[-\dfrac{i}{3}\right]\right) = 2\pi i\left(\dfrac{1}{3i} - \dfrac{5}{12i}\right) = -\dfrac{\pi}{6}$

問題 8.2 (1), (2), $\cdots$ の積分をそれぞれ $I_1, I_2, \cdots$ で表す. いずれも p. 49 の積分路で一周積分し, $R \to \infty$ とする.

(1) $(1-e^{\frac{2\pi}{3}i})I_1 = 2\pi i \cdot \left(-\dfrac{1}{3}e^{\frac{\pi}{3}i}\right)$ より $I_1 = \dfrac{2\pi i e^{\frac{\pi}{3}i}}{3(e^{\frac{2\pi}{3}i}-1)} = \dfrac{\pi}{3}\dfrac{1}{\sin\frac{\pi}{3}} = \dfrac{2\pi}{3\sqrt{3}}$

(2) $(1-e^{\frac{\pi}{3}i})I_2 = 2\pi i \cdot \left(-\dfrac{1}{6}e^{\frac{\pi}{6}i}\right)$ より $I_2 = \dfrac{2\pi i e^{\frac{\pi}{6}i}}{6(e^{\frac{\pi}{3}i}-1)} = \dfrac{\pi}{6}\dfrac{1}{\sin\frac{\pi}{6}} = \dfrac{\pi}{3}$

(3) $(1-e^{\frac{3\pi}{2}i})I_3 = 2\pi i \cdot \left(-\dfrac{1}{4}e^{\frac{3\pi}{4}i}\right)$ より $I_3 = \dfrac{2\pi i e^{\frac{3\pi}{4}i}}{4(e^{\frac{3\pi}{2}i}-1)} = \dfrac{\pi}{4}\dfrac{1}{\sin\frac{3\pi}{4}} = \dfrac{\pi}{2\sqrt{2}}$

(4) $(1-e^{\frac{4\pi}{3}i})I_4 = 2\pi i \cdot \left(-\dfrac{1}{3}e^{\frac{2\pi}{3}i}\right)$ より $I_4 = \dfrac{2\pi i e^{\frac{2\pi}{3}i}}{3(e^{\frac{4\pi}{3}i}-1)} = \dfrac{\pi}{3}\dfrac{1}{\sin\frac{2\pi}{3}} = \dfrac{2\pi}{3\sqrt{3}}$

問題 8.3 (1) の積分を J_n で表し, (2) の積分を $J_{n,m}$ で表す.

(1) p. 49 の積分路で一周積分し, $R \to 0$ とすると $(1-e^{\frac{2\pi}{n}i})J_n = 2\pi i \cdot \left(-\dfrac{1}{n}e^{\frac{\pi}{n}i}\right)$ が得られ $J_n = \dfrac{2\pi i e^{\frac{\pi}{n}i}}{n(e^{\frac{2\pi}{n}i}-1)} = \dfrac{\pi}{n}\dfrac{1}{\sin\frac{\pi}{n}}$ である.

(2) p. 49 の積分路で一周積分すると $(1-e^{\frac{2(m+1)\pi}{n}i})\int_0^R \dfrac{x^m}{x^n+1} dx + \int_{C_R^{(n)}} \dfrac{z^m}{z^n+1} dz = 2\pi i \cdot \left(-\dfrac{1}{n}e^{\frac{(m+1)\pi}{n}i}\right)$ である. $m \leqq n-2$ ならば $n-m-1 \geqq 1$ であるから $R \to \infty$ のとき $\left|\int_{C_R^{(n)}} \dfrac{z^m}{z^n+1} dz\right| \leqq \dfrac{\frac{3}{2}R^m}{\frac{1}{2}R^n}\dfrac{2\pi R}{n} = \dfrac{6\pi}{n}\dfrac{1}{R^{n-m-1}} \to 0$ となり $(1-e^{\frac{2(m+1)\pi}{n}i})J_{n,m} = 2\pi i \cdot \left(-\dfrac{1}{n}e^{\frac{(m+1)\pi}{n}i}\right)$ が得られる. したがって $J_{n,m} = \dfrac{2\pi i e^{\frac{(m+1)\pi}{n}i}}{n(e^{\frac{2(m+1)\pi}{n}i}-1)} = \dfrac{\pi}{n}\dfrac{1}{\sin\frac{(m+1)\pi}{n}}$ である.

問題 8.4 （1），（2）の積分をそれぞれ I_1, I_2 で表す．

（1） $\dfrac{z^2}{z^4+5z^2+4}$ の極は $z^4+5z^2+4=(z-i)(z+i)(z-2i)(z+2i)$ より $z=\pm i, \pm 2i$ であるから，$R>2$ のとき留数定理により $\displaystyle\int_{-R}^{R}\dfrac{x^2}{x^4+5x^2+4}dx+\int_{C_R}\dfrac{z^2}{z^4+5z^2+4}dz=2\pi i\bigl(\mathrm{Res}[i]+\mathrm{Res}[2i]\bigr)=2\pi i\Bigl(-\dfrac{1}{6i}+\dfrac{1}{3i}\Bigr)=\dfrac{\pi}{3}$ が得られる．ここで $R\to\infty$ とすると $\left|\displaystyle\int_{C_R}\dfrac{z^2}{z^4+5z^2+4}dz\right|\leqq\dfrac{\frac{3}{2}R^2}{\frac{1}{2}R^4}\cdot\pi R=\dfrac{3\pi}{R}\to 0$ であるから，$I_1=\dfrac{\pi}{3}$ である．

（2） $\dfrac{z}{z^4+z^3+2z^2+z+1}$ の極は $z^4+z^3+2z^2+z+1=(z^2+1)(z^2+z+1)=(z-i)(z+i)\Bigl(z-\dfrac{-1+\sqrt{3}i}{2}\Bigr)\Bigl(z-\dfrac{-1-\sqrt{3}i}{2}\Bigr)$ より $z=\pm i, \dfrac{-1\pm\sqrt{3}i}{2}$ であり，（1）と同様にして $I_2=2\pi i\Bigl(\mathrm{Res}[i]+\mathrm{Res}\Bigl[\dfrac{-1+\sqrt{3}i}{2}\Bigr]\Bigr)=2\pi i\Bigl(\dfrac{1}{2i}-\dfrac{1}{\sqrt{3}i}\Bigr)=\dfrac{(3-2\sqrt{3})\pi}{3}$ が得られる．

§9 (p. 59)

問題 9.1 $2i\bar{D}f(x,y)=(2-a)(x-iy)$ より $a=2$, $f(x,y)=z^2$,
$2i\bar{D}g(x,y)=(3-b)(x^2-2ixy)$ より $b=3$, $g(x,y)=z^3$

問題 9.2 $2i\bar{D}h(x,y)=\dfrac{(a+b)(-x^2+y^2-2ixy)}{(x^2+y^2)^2}$ より $b=-a$, $h(x,y)=\dfrac{a}{z}$

問題 9.3 （1） $\dfrac{\partial}{\partial x}\bar{z}^n=\dfrac{\partial}{\partial x}(x-iy)^n=n(x-iy)^{n-1}$, $\dfrac{\partial}{\partial y}\bar{z}^n=\dfrac{\partial}{\partial y}(x-iy)^n=-in(x-iy)^{n-1}$ より $\bar{D}\bar{z}^n=\dfrac{1}{2}\{n+i(-in)\}(x-iy)^{n-1}=n\bar{z}^{n-1}$

（2） $\bar{D}(z^m\bar{z}^n)=(\bar{D}z^m)\bar{z}^n+z^m(\bar{D}\bar{z}^n)=0\cdot\bar{z}^n+z^m\cdot n\bar{z}^{n-1}=nz^m\bar{z}^{n-1}$ より $n=0$

問題 9.4 $2+\dfrac{\pi i}{6}$ から $2+\dfrac{2\pi i}{3}$ へ向かう線分を L とすると $C-L$ は長方形で $\displaystyle\int_{C-L}e^z dz=0$ である．よって $\displaystyle\int_C e^z dz=\int_L e^z dz=\int_{\frac{\pi}{6}}^{\frac{2\pi}{3}}e^{2+yi}i\,dy=\dfrac{e^2}{2}\{(-1-\sqrt{3})+(-1+\sqrt{3})i\}$

§10 (p. 65)

問題 10.1 （1），（2），$\cdots$ の積分をそれぞれ I_1, I_2, $\cdots$ で表す．

（1）点 2, 8 とも積分路の外部にあるからコーシーの定理より $I_1=0$

（2）点 2 は積分路の内部，8 は外部にあるからコーシーの積分公式より
$$I_2=2\pi i\left[\dfrac{e^{z^2}}{(z-8)^2}\right]_{z=2}=\dfrac{e^4\pi}{18}i$$

（3） $\dfrac{\cos\pi z^2}{5z-4}=\dfrac{\cos\pi z^2}{5}\dfrac{1}{z-\frac{4}{5}}$ であり，$I_3=2\pi i\left[\dfrac{\cos\pi z^2}{5}\right]_{z=\frac{4}{5}}=\dfrac{2\pi}{5}\Bigl(\cos\dfrac{16\pi}{25}\Bigr)i$

演習問題の解答

（4）$\dfrac{e^{\pi i z}}{2z^2-5z+2} = \dfrac{e^{\pi i z}}{2(z-2)}\dfrac{1}{z-\frac{1}{2}}$ より, $I_4 = 2\pi i\left[\dfrac{e^{\pi i z}}{2(z-2)}\right]_{z=\frac{1}{2}} = \dfrac{2\pi}{3}$

（5）$\dfrac{\sin\frac{\pi z}{2}}{z^3-1} = \dfrac{\sin\frac{\pi z}{2}}{z^2+z+1}\dfrac{1}{z-1}$ より, $I_5 = 2\pi i\left[\dfrac{\sin\frac{\pi z}{2}}{z^2+z+1}\right]_{z=1} = \dfrac{2\pi}{3}i$

（6）$\dfrac{e^{\pi z}}{z^2+1} = \dfrac{e^{\pi z}}{z-i}\dfrac{1}{z+i}$ より, $I_6 = 2\pi i\left[\dfrac{e^{\pi z}}{z-i}\right]_{z=-i} = \pi$

問題 10.2 $2e^{-\frac{2\pi}{3}i} = -1-\sqrt{3}i$ から $2e^{\frac{2\pi}{3}i} = -1+\sqrt{3}i$ に向かう線分を L とすると
$\int_{C-L} e^{iz}dz = 0$ であるから $\int_C e^{iz}dz = \int_L e^{iz}dz = \int_{-\sqrt{3}}^{\sqrt{3}} e^{i(-1+yi)}idy = ie^{-i}(e^{\sqrt{3}}-e^{-\sqrt{3}})$

§11 (p. 71)

問題 11.1 $F(z) = \dfrac{e^{iz}}{z^2+2z+4}$ とおいて, 例題 1 の積分路を用いる. $z^2+2z+4 = (z+1-\sqrt{3}i)(z+1+\sqrt{3}i)$ であり, 半円上の積分は $R\to 0$ のとき 0 に収束するから
$\int_{-\infty}^{\infty} F(x)dx = \int_C F(z)dz = 2\pi i\left[\dfrac{e^{iz}}{z+1+\sqrt{3}i}\right]_{z=-1+\sqrt{3}i} = \dfrac{\pi e^{-i-\sqrt{3}}}{\sqrt{3}}$ である. 実部・虚部を取って $\int_{-\infty}^{\infty} \dfrac{\cos x}{x^2+2x+4}dx = \dfrac{\pi e^{-\sqrt{3}}\cos 1}{\sqrt{3}}$, $\int_{-\infty}^{\infty} \dfrac{\sin x}{x^2+2x+4}dx = -\dfrac{\pi e^{-\sqrt{3}}\sin 1}{\sqrt{3}}$

問題 11.2 （1）$z^2=-i$ の解は $z=\pm\dfrac{1}{\sqrt{2}}(1-i)$ である. 例題 1 の積分路を用いると
$I = \int_C \dfrac{e^{iz}}{z^2+i}dz = 2\pi i\left[\dfrac{e^{iz}}{z-\frac{1}{\sqrt{2}}(1-i)}\right]_{z=-\frac{1}{\sqrt{2}}(1-i)} = \dfrac{\sqrt{2}\pi}{1+i}e^{-\frac{1}{\sqrt{2}}(1+i)}$ を得る.

（2）$\mathrm{Im}\dfrac{e^{ix}}{x^2+i} = \mathrm{Im}\dfrac{e^{ix}(x^2-i)}{x^4+1} = \dfrac{-\cos x+x^2\sin x}{x^4+1}$ であり, $\int_{-\infty}^{\infty} \dfrac{x^2\sin x}{x^4+1}dx = 0$ であるから, $J = -\mathrm{Im}\left(\dfrac{\sqrt{2}\pi}{1+i}e^{-\frac{1}{\sqrt{2}}(1+i)}\right) = \dfrac{\pi}{\sqrt{2}}\left(\sin\dfrac{1}{\sqrt{2}}+\cos\dfrac{1}{\sqrt{2}}\right)e^{-\frac{1}{\sqrt{2}}}$ である.

問題 11.3 $\int_{-\infty}^{\infty} xe^{-x^2}\sin 2ax\,dx = \int_{-\infty}^{\infty} -\dfrac{1}{2}\dfrac{\partial}{\partial a}(e^{-x^2}\cos 2ax)\,dx$
$= -\dfrac{1}{2}\dfrac{\partial}{\partial a}\int_{-\infty}^{\infty} e^{-x^2}\cos 2ax\,dx = -\dfrac{1}{2}\dfrac{\partial}{\partial a}\left(\sqrt{\pi}\,e^{-a^2}\right) = \sqrt{\pi}ae^{-a^2}$

微分と積分の順序交換の条件は $g(x) = |x|e^{-x^2}$ とおけばみたされる.

問題 11.4 （1）47 ページで示した公式より $I = \int_{|z|=1}\left(a+\dfrac{b}{2}(z+\dfrac{1}{z})\right)^{-1}(iz)^{-1}dz = \dfrac{1}{i}\int_{|z|=1}\dfrac{2}{bz^2+2az+b}dz$ となる. ここで $p = \dfrac{-a+\sqrt{a^2-b^2}}{b}$, $q = \dfrac{-a-\sqrt{a^2-b^2}}{b}$ とおくと $bz^2+2az+b = b(z-p)(z-q)$ である. $a>b>0$ より $\sqrt{a^2-b^2}>0$ である

から，p, q はともに実数であり，さらに $q < -\dfrac{a}{b} < -1$ である．これと $pq = 1$ (解と係数の関係) より $-1 < p < 0$ である．よって p は $|z| = 1$ の内部に，q は外部にあるから，コーシーの積分公式より $I = \dfrac{2\pi i}{i}\left[\dfrac{2}{b(z-q)}\right]_{z=p} = \dfrac{4\pi}{b(p-q)} = \dfrac{2\pi}{\sqrt{a^2 - b^2}}$ となる．

(2) $J = \displaystyle\int_0^{2\pi} -\dfrac{\partial}{\partial a}\dfrac{d\theta}{a + b\cos\theta} = -\dfrac{\partial}{\partial a} I$ より $J = \dfrac{2\pi a}{\sqrt{(a^2 - b^2)^3}}$

(3) $K = -\dfrac{\partial}{\partial b} I$ より $K = \dfrac{-2\pi b}{\sqrt{(a^2 - b^2)^3}}$

(2), (3) で微分と積分の順序交換の条件は $g(x) = \dfrac{1}{(a-b)^2}$ とすればみたされる．

§12 (p. 78)

問題 12.1 (1) 例 5 と合成関数の微分法を使う．

(2) 数学的帰納法で (1) の結果を使って示せる．

問題 12.2 (1), (2), $\cdots$ の積分をそれぞれ $I_1, I_2, \cdots$ で表す．

(1) $I_1 = 2\pi i[(z^4 + z^3 + z^2 + 1)']_{z=10} = 8640\pi i$ (2) $I_2 = 2\pi i[(z^3)']_{z=i} = -6\pi i$

(3) $I_3 = 2\pi i[\{e^z(z^2 + 1)\}']_{z=3} = 32\pi i e^3$ (4) $I_4 = \dfrac{2\pi i}{3!}\left[\dfrac{d^3}{dz^3}e^{iz}\right]_{z=\pi} = -\dfrac{\pi}{3}$

(5) $I_5 = \displaystyle\int_{|z-2|=2} \dfrac{1}{(z-3)^2}\dfrac{\sin\frac{\pi z}{2}}{(z+3)^2} dz = 2\pi i\left[\left(\dfrac{\sin\frac{\pi z}{2}}{(z+3)^2}\right)'\right]_{z=3} = \dfrac{\pi}{54}i$

(6) (5) とよく似た計算により，$I_6 = 2\pi i\left[\left(\dfrac{\cos\frac{\pi z}{2}}{(z-3)^2}\right)'\right]_{z=-3} = -\dfrac{\pi^2}{36}i$

問題 12.3 $I_n = \dfrac{2\pi i}{(4n-3)!}[(\cos \pi z)^{(4n-3)}]_{z=n} = \dfrac{2\pi^{4n-2}i}{(4n-3)!}[-\sin\pi z]_{z=n} = 0$

問題 12.4 (1) $f'(z) = f_x(x,y) = \dfrac{1}{i}f_y(x,y)$ なので仮定より $f_x(x,y) = f_y(x,y) = 0$ である．よって $f(z) = f(x,y)$ は定数関数．

(2) $g(z) = f(z) - \left(\dfrac{az^3}{3} + \dfrac{bz^2}{2} + cz\right)$ とおくと $g'(z) = 0$ であるから (1) より $g(z)$ は定数関数．$g(z) = d$ とおけばよい．

§13 (p. 83)

問題 13.1 (1) $\dfrac{1}{1-3z} = \displaystyle\sum_{n=0}^{\infty}(3z)^n = \sum_{n=0}^{\infty} 3^n z^n$

(2) $\dfrac{2z}{1-3z} = 2z\displaystyle\sum_{n=0}^{\infty} 3^n z^n = \sum_{n=0}^{\infty} 2\cdot 3^n z^{n+1} = \sum_{k=1}^{\infty} 2\cdot 3^{k-1} z^k$

演習問題の解答

問題 13.2 $f(z) = z^2 + 3z + 2$ とおくと $f'(z) = 2z + 3$, $f''(z) = 2$, $f^{(n)}(z) = 0\,(n \geqq 3)$ であるから, $f(-1) = 0$, $f'(-1) = 1$, $f''(-1) = 2$, $f^{(n)}(-1) = 0\,(n \geqq 3)$ となる. よって $f(z) = (z+1) + (z+1)^2$ である.

[別解] $z^2 + 3z + 2 = \{(z+1) - 1\}^2 + 3\{(z+1) - 1\} + 2 = (z+1) + (z+1)^2$

問題 13.3 (1) $(e^z)^{(n)} = e^z\,(n \geqq 0)$ より $[(e^z)^{(n)}]_{z=1} = e$ となって $e^z = \sum_{n=0}^{\infty} \dfrac{e}{n!}(z-1)^n$

(2) $\dfrac{1}{z-3} = -\dfrac{1}{2}\dfrac{1}{1 - \dfrac{z-1}{2}}$ より $\dfrac{1}{z-3} = -\dfrac{1}{2}\sum_{n=0}^{\infty}\left(\dfrac{z-1}{2}\right)^n = \sum_{n=0}^{\infty} \dfrac{-1}{2^{n+1}}(z-1)^n$

(3) $f(z) = \dfrac{1}{z}$, $g(z) = \dfrac{1}{z^2}$ とおくと $f^{(n)}(z) = \dfrac{(-1)^n n!}{z^{n+1}}$, $g^{(n)}(z) = \dfrac{(-1)^n(n+1)!}{z^{n+2}}$ であって, $f^{(n)}(1) = (-1)^n n!$, $g^{(n)}(1) = (-1)^n(n+1)!$ となるから
$$f(z) = \sum_{n=0}^{\infty}(-1)^n(z-1)^n, \quad g(z) = \sum_{n=0}^{\infty}(-1)^n(n+1)(z-1)^n$$
となって $\dfrac{z+1}{z^2} = f(z) + g(z) = \sum_{n=0}^{\infty}(-1)^n(n+2)(z-1)^n$ である.

問題 13.4 $f'(z) = \pi e^z \cos \pi z + e^z \sin \pi z$, $f''(z) = 2\pi e^z \cos \pi z + (1 - \pi^2)e^z \sin \pi z$ であるから $f(1) = 0$, $f'(1) = -\pi e$, $f''(1) = -2\pi e$ となって, $e^z \sin \pi z$ の $z = 1$ を中心としたテイラー展開の 2 乗の項までを求めると $-\pi e(z-1) - \pi e(z-1)^2$ となる.

問題 13.5 ロピタルの定理を用いる. (1), (2), (3) は分母・分子を 2 回ずつ微分する. (4) は 1 回でよい. 答は (1) -2 (2) -9 (3) $-\dfrac{\pi^2}{2}$ (4) $\dfrac{1}{3}$

§14 (p. 87)

問題 14.1 (1) $z = 0$ が位数 m の極で,
$$\mathrm{Res}\left[\dfrac{e^z}{z^m}; z = 0\right] = \dfrac{1}{(m-1)!}\lim_{z \to 0}\dfrac{d^{m-1}}{dz^{m-1}}e^z = \dfrac{1}{(m-1)!}$$

(2) $z = 0$ が位数 3 の極で,
$$\mathrm{Res}\left[\dfrac{1 + e^{2z}}{z^3}; z = 0\right] = \dfrac{1}{2!}\lim_{z \to 0}\dfrac{d^2}{dz^2}(1 + e^{2z}) = \dfrac{1}{2}\lim_{z \to 0}(4e^{2z}) = 2$$

(3) $z = i$ が位数 4 の極で,
$$\mathrm{Res}\left[\dfrac{\cos z}{(z-i)^4}; z = i\right] = \dfrac{1}{3!}\lim_{z \to i}\dfrac{d^3}{dz^3}(\cos z) = \dfrac{1}{3!}\lim_{z \to i}\sin z = \dfrac{1}{6}\sin i = \dfrac{1}{12}\left(e - \dfrac{1}{e}\right)i$$

（4）$z=2$ が位数 2 の極で，
$$\text{Res}\left[\frac{\sin\frac{\pi z}{6}}{(z-2)^2(z-3)};z=2\right]=\lim_{z\to 2}\left(\frac{\sin\frac{\pi z}{6}}{z-3}\right)'=\lim_{z\to 2}\left(\frac{\frac{\pi}{6}(z-3)\cos\frac{\pi z}{6}-\sin\frac{\pi z}{6}}{(z-3)^2}\right)$$
$=-\dfrac{\pi}{12}-\dfrac{\sqrt{3}}{2}$（商の微分法を使った．ロピタルの定理と混同してはいけない．）

また，$z=3$ が位数 1 の極で，$\text{Res}\left[\dfrac{\sin\frac{\pi z}{6}}{(z-2)^2(z-3)};z=3\right]=\lim_{z\to 3}\dfrac{\sin\frac{\pi z}{6}}{(z-2)^2}=1$

問題 14.2 （1），（2），$\cdots$ の積分をそれぞれ I_1, I_2, $\cdots$ で表す．

（1）$I_1=2\pi i\text{Res}\left[\dfrac{\cos z}{z(z-\pi)^3};z=0\right]=2\pi i\lim_{z\to 0}\dfrac{\cos z}{(z-\pi)^3}=-\dfrac{2}{\pi^2}i$

（2）$I_2=2\pi i\bigl(\text{Res}[0]+\text{Res}[\pi]\bigr)=I_1+2\pi i\cdot\dfrac{1}{2!}\lim_{z\to\pi}\dfrac{d^2}{dz^2}\left(\dfrac{\cos z}{z}\right)$

$\quad=-\dfrac{2}{\pi^2}i+\pi i\lim_{z\to\pi}\left\{\left(\dfrac{2}{z^3}-\dfrac{1}{z}\right)\cos z+\dfrac{2\sin z}{z^2}\right\}=\dfrac{\pi^2-4}{\pi^2}i$

（3）$I_3=2\pi i\text{Res}\left[\dfrac{e^z}{(z-2)^2(z-5)};z=2\right]=2\pi i\lim_{z\to 2}\left(\dfrac{e^z}{z-5}\right)'=-\dfrac{8e^2\pi}{9}i$

（4）$I_4=2\pi i\bigl(\text{Res}[2]+\text{Res}[5]\bigr)=I_3+2\pi i\lim_{z\to 5}\dfrac{e^z}{(z-2)^2}=\dfrac{2e^2(e^3-4)\pi}{9}i$

問題 14.3 （1），（2），$\cdots$ の積分をそれぞれ I_1, I_2, $\cdots$ で表す．

（1）$I_1=2\pi i\left\{\text{Res}\left[\dfrac{2z^2+5z-1}{(2z+1)^2(3z-1)};z=\dfrac{1}{3}\right]+\text{Res}\left[\dfrac{2z^2+5z-1}{(2z+1)^2(3z-1)};z=-\dfrac{1}{2}\right]\right\}$

$\quad=2\pi i\left\{\lim_{z\to\frac{1}{3}}\dfrac{2z^2+5z-1}{3(2z+1)^2}+\lim_{z\to-\frac{1}{2}}\left(\dfrac{2z^2+5z-1}{4(3z-1)}\right)'\right\}=\dfrac{\pi}{3}i$

（2）$I_2=2\pi i\left\{\text{Res}\left[\dfrac{z^2e^{\pi iz}}{9z^2-1};z=\dfrac{1}{3}\right]+\text{Res}\left[\dfrac{z^2e^{\pi iz}}{9z^2-1};z=-\dfrac{1}{3}\right]\right\}$

$\quad=2\pi i\left\{\lim_{z\to\frac{1}{3}}\dfrac{z^2e^{\pi iz}}{3(3z+1)}+\lim_{z\to-\frac{1}{3}}\dfrac{z^2e^{\pi iz}}{3(3z-1)}\right\}=-\dfrac{\sqrt{3}\pi}{27}$

（3）$I_3=2\pi i\left\{\text{Res}\left[\dfrac{\sin\pi z}{(4z^2-1)^2};z=\dfrac{1}{2}\right]+\text{Res}\left[\dfrac{\sin\pi z}{(4z^2-1)^2};z=-\dfrac{1}{2}\right]\right\}$

$\quad=2\pi i\left\{\lim_{z\to\frac{1}{2}}\left(\dfrac{\sin\pi z}{4(2z+1)^2}\right)'+\lim_{z\to-\frac{1}{2}}\left(\dfrac{\sin\pi z}{4(2z-1)^2}\right)'\right\}=-\dfrac{\pi}{2}i$

（4）$I_4=2\pi i\left\{\text{Res}\left[\dfrac{\cos\pi z}{(9z^2-1)^2};z=\dfrac{1}{3}\right]+\text{Res}\left[\dfrac{\cos\pi z}{(9z^2-1)^2};z=-\dfrac{1}{3}\right]\right\}$

$\quad=2\pi i\left\{\lim_{z\to\frac{1}{3}}\left(\dfrac{\cos\pi z}{9(3z+1)^2}\right)'+\lim_{z\to-\frac{1}{3}}\left(\dfrac{\cos\pi z}{9(3z-1)^2}\right)'\right\}=0$

演習問題の解答

§15 (p. 90)

問題 15.1 （1），（2），… の積分をそれぞれ I_1, I_2, … で表す．全て例題 1, 2 と同じ積分路を使う．半円に沿った積分は半径 $\to \infty$ のとき 0 に収束する．($y \geqq 0$ のとき $|e^{iz}| = e^{-y} \leqq 1$ であることを使う．)

（1）$I_1 = 2\pi i \left\{ \mathrm{Res}\left[\dfrac{1}{(z^2+1)(z^2+4)^2}; z = i\right] + \mathrm{Res}\left[\dfrac{1}{(z^2+1)(z^2+4)^2}; z = 2i\right] \right\}$

$= 2\pi i \left\{ \lim\limits_{z \to i} \dfrac{1}{(z+i)(z^2+4)^2} + \lim\limits_{z \to 2i} \left(\dfrac{1}{(z^2+1)(z+2i)^2}\right)' \right\} = \dfrac{5\pi}{144}$

（2）$I_2' = \displaystyle\int_{-\infty}^{\infty} \dfrac{e^{ix}}{(x^2+1)^2} dx$ とおくと

$I_2' = 2\pi i \mathrm{Res}\left[\dfrac{e^{iz}}{(z^2+1)^2}; z = i\right] = 2\pi i \lim\limits_{z \to i} \left(\dfrac{e^{iz}}{(z+i)^2}\right)' = \dfrac{\pi}{e}, \quad I_2 = \mathrm{Re}\, I_2' = \dfrac{\pi}{e}$

（3）$I_3' = \displaystyle\int_{-\infty}^{\infty} \dfrac{xe^{ix}}{x^4+13x^2+36} dx$ とおくと，$z^4 + 13z^2 + 36 = (z^2+4)(z^2+9)$ で

$I_3' = 2\pi i \left\{ \mathrm{Res}\left[\dfrac{ze^{iz}}{z^4+13z^2+36}; z = 2i\right] + \mathrm{Res}\left[\dfrac{ze^{iz}}{z^4+13z^2+36}; z = 3i\right] \right\}$

$= 2\pi i \left\{ \lim\limits_{z \to 2i} \dfrac{ze^{iz}}{(z+2i)(z^2+9)} + \lim\limits_{z \to 3i} \dfrac{ze^{iz}}{(z^2+4)(z+3i)} \right\} = \dfrac{\pi(e-1)}{5e^3}i$

$I_3 = \mathrm{Im}\, I_3' = \dfrac{\pi(e-1)}{5e^3}$

（4）$I_4' = \displaystyle\int_{-\infty}^{\infty} \dfrac{x^2 e^{ix}}{(x^2+1)^2(x^2+4)} dx$ とおくと

$I_4' = 2\pi i \left\{ \mathrm{Res}\left[\dfrac{z^2 e^{iz}}{(z^2+1)^2(z^2+4)}; z = i\right] + \mathrm{Res}\left[\dfrac{z^2 e^{iz}}{(z^2+1)^2(z^2+4)}; z = 2i\right] \right\}$

$= 2\pi i \left\{ \lim\limits_{z \to i} \left(\dfrac{z^2 e^{iz}}{(z+i)^2(z^2+4)}\right)' + \lim\limits_{z \to 2i} \dfrac{z^2 e^{iz}}{(z^2+1)^2(z+2i)} \right\} = \dfrac{\pi(e-2)}{9e^2}$

$I_4 = \mathrm{Re}\, I_4' = \dfrac{\pi(e-2)}{9e^2}$

問題 15.2 （1），（2）とも，例題 1, 2 と同じ積分路を使う．半円に沿った積分は，条件「$P(z)$ の次数 $\leqq Q(z)$ の次数 -2」がみたされていれば，半径 $\to \infty$ のとき 0 に収束する．(問題 8.3（2）の解答を参照．)

参 考 文 献

本書全般に関する参考書

複素数についての読み物
☆堀場芳数「虚数iの不思議」(講談社ブルーバックス)
☆吉田武「オイラーの贈物」(ちくま学芸文庫)

微分積分についての簡単な本
☆長崎憲一・横山利章「明解 微分積分」(培風館)

本書の次に読む本
☆E.クライツィグ「技術者のための高等数学4 複素関数論」(培風館)
☆有馬朗人・神部勉「物理のための数学入門 複素関数論」(共立出版)

個々の事項に関する参考書

単純閉曲線の多角形による近似　コーシーの定理の証明の最後で単純閉曲線に沿う積分は多角形に沿う積分でいくらでも近似できるということを述べた．この事実の厳密な証明は，例えば次の本に書いてある．
☆吉田洋一「函数論」(岩波全書)
☆高木貞治「解析概論」(岩波書店)

作用素 $\bar{D}$　$\bar{D}$ は通常 $\frac{\partial}{\partial \bar{z}}$ と書く．例えば
☆L.アールフォルス「複素解析」(現代数学社)
に解説があるが，発見的議論 (形式的な計算) と厳密な議論との区別をつけるのが初学者には難しいと思う．本書ではこのような混乱を避けるために記号を変えた．

微分と積分の順序交換　ルベーグ積分の本に載っているのはもちろんであるが，リーマン積分の範囲で書いてある本は例えば次のものがある．
☆杉浦光夫「解析入門」(東京大学出版会)

索引

あ 行

n 乗根
　　α の —— 16
　　1 の —— 15
円 11
オイラーの公式 20

か 行

回転 9
共役複素数 1
極 42, 84
　　位数 m の —— 42, 84
極形式 7
曲線 12
　　—— のパラメータ表示 12
　　単純閉 —— 12
虚軸 5
虚数 1
虚数単位 1
虚部 1
グルサの公式 75
コーシー
　　—— の積分公式 62, 46
　　—— の定理 60
コーシー・リーマン
　　—— の微分方程式 55
　　—— の偏微分作用素 55

さ 行

三角関数 21
三角不等式 10
指数関数 20

実軸 5
実部 1
収束半径 80
純虚数 1
正則 55
正則関数 55
絶対値 6

た 行

代数学の基本定理 64
テイラー展開 79
ド・モアブルの定理 14

は 行

微分可能 72
微分公式 76
複素関数 18
複素数 1
複素数平面 5
複素積分 28
複素微分可能 72
ベキ級数 80
偏角 6

ら 行

留数 42, 84
　　—— 定理 42, 86

著者略歴

長崎 憲一（ながさき けんいち）
1970年　東京大学理学部数学科卒業
1977年　東京大学大学院理学系研究科
　　　　博士課程単位取得満期退学
現　在　元 千葉工業大学教授，理学博士

主要著書
明解微分方程式（初版）（共著，培風館，1997）
明解微分積分（共著，培風館，2000）
明解複素解析（共著，培風館，2002）
明解線形代数（共著，培風館，2005）

山根 英司（やまね ひでし）
1989年　東京大学理学部数学科卒業
1995年　東京大学大学院数理科学研究科
　　　　博士課程修了，博士（数理科学）
現　在　関西学院大学教授

横山 利章（よこやま としあき）
1983年　大阪大学理学部数学科卒業
1988年　広島大学大学院理学研究科博士
　　　　課程修了，理学博士
現　在　千葉工業大学教授

主要著書
明解微分積分（共著，培風館，2000）
明解複素解析（共著，培風館，2002）
明解線形代数（共著，培風館，2005）

Ⓒ　長崎憲一・山根英司・横山利章　2002

2002年12月 5 日　初　版　発　行
2021年 9 月10日　初版第12刷発行

明解複素解析

著　者　長崎　憲一
　　　　山根　英司
　　　　横山　利章
発行者　山本　格

発行所　株式会社 培風館
東京都千代田区九段南4-3-12　郵便番号102-8260
電　話(03)3262-5256(代表)・振　替00140-7-44725

寿印刷組版・印刷・製本　平文社

PRINTED IN JAPAN

ISBN978-4-563-01122-2　C3041